U0314854

普通高等教育“十三五”规划教材

电化学基础理论与测试方法

主　编　李　栋
副主编　钟盛文　陈　军　马全新

北　京
冶金工业出版社
2022

内 容 提 要

本书以电化学基本知识为基础，分别详细介绍了电化学测量实验、电化学测试方法以及电化学实验常用仪器。其中，电化学测量部分主要介绍了电极电位的测量及辅助电极、参比电极、研究电极、盐桥和电解池的设计；电化学测量方法部分详述了控制电势阶跃技术、控制电流技术、脉冲技术、线性电势扫描技术和交流阻抗技术；电化学实验常用仪器分别介绍了运算放大器、电导率仪、酸度计、电位差计等。

本书可作为高等院校应用化学、电化学、材料及相关专业的教学用书，也可供相关领域的科研人员和生产人员参考。

图书在版编目(CIP)数据

电化学基础理论与测试方法／李栋主编．—北京：冶金工业出版社，2019.12（2022.7 重印）

普通高等教育“十三五”规划教材

ISBN 978-7-5024-8374-6

Ⅰ.①电… Ⅱ.①李… Ⅲ.①电化学—高等学校—教材 Ⅳ.①O646

中国版本图书馆 CIP 数据核字(2019)第 291370 号

电化学基础理论与测试方法

出版发行	冶金工业出版社	**电　话**	(010)64027926
地　址	北京市东城区嵩祝院北巷 39 号	**邮　编**	100009
网　址	www.mip1953.com	**电子信箱**	service@mip1953.com

责任编辑 王梦梦 美术编辑 吕欣童 版式设计 禹 蕊

责任校对 郑 娟 责任印制 李玉山

北京富资园科技发展有限公司印刷

2019 年 12 月第 1 版，2022 年 7 月第 2 次印刷

787mm×1092mm 1/16；9.25 印张；218 千字；137 页

定价 36.00 元

投稿电话 (010)64027932 投稿信箱 tougao@cnmip.com.cn

营销中心电话 (010)64044283

冶金工业出版社天猫旗舰店 yjgycbs.tmall.com

（本书如有印装质量问题，本社营销中心负责退换）

前　　言

随着电化学在化学电源（如锂离子电池、全固态电池、锂空气电池、燃料电池等）、电催化制氢、电化学合成、电镀、腐蚀与防护以及电化学分析等领域的广泛应用，电化学得到了快速发展，因而系统掌握电化学基础理论、常用测试方法以及测试结果分析十分紧迫和必要。

本书共4章：第1章为电化学基本知识，介绍了电化学反应的反应场所、电极的种类与结构、双电层结构、原电池热力学和动力学的基础知识；第2章为电化学测量实验基础，讲述了电极电位的测量方法、三电极体系中电极的结构与性能要求以及常用电解池的设计规则；第3章介绍了电化学动力学研究中的常用测量方法的原理、测试技术和数据解析方法；第4章介绍了电化学测量仪器的基本原理以及电导率仪、酸度计、电位差计、恒电位仪、恒电流仪、电化学工作站等常用电化学实验仪器。

本书可作为高等院校应用化学、电化学、材料等相关专业的教材，也可供相关领域的科研和生产技术人员参考。

本书在编写过程中参考了有关院校的电化学、电化学实验教材和国内外相关文献，在此向文献作者表示感谢。同时，特别感谢江西理工大学对本教材出版的大力支持。

由于编者学识水平有限，书中不足之处，诚恳同行专家和读者批评指正。

编　者

2019年10月

目　　录

1　电化学基本知识 …… 1

1.1　电化学研究对象与反应场所 …… 1
1.1.1　电解池 …… 1
1.1.2　原电池 …… 2
1.2　电极种类 …… 4
1.2.1　第一类电极 …… 4
1.2.2　第二类电极 …… 6
1.2.3　第三类电极 …… 7
1.3　电极溶液界面的双电层结构 …… 7
1.3.1　电极/溶液界面的基本结构 …… 8
1.3.2　斯特恩（Stern）模型 …… 10
1.3.3　紧密层的结构 …… 16
1.4　原电池热力学 …… 19
1.4.1　可逆电动势与电池反应的吉布斯函数变 …… 19
1.4.2　由原电池电动势的温度系数计算电池反应的摩尔熵变 …… 20
1.4.3　由原电池电动势及电动势的温度系统计算电池反应的摩尔焓变 …… 20
1.4.4　计算原电池可逆放电时的反应热 …… 20
1.5　原电极的基本方程——能斯特方程 …… 21
1.6　极化与电子转移步骤基本动力学 …… 22
1.6.1　电极的极化 …… 22
1.6.2　测定极化曲线方法 …… 22
1.6.3　电解池与原电池极化的差别 …… 23
1.6.4　电极电位对电子转移步骤反应速度的影响 …… 24
1.6.5　电子转移步骤的基本动力学参数 …… 27

2　电化学测量实验基础 …… 33

2.1　电极电位的测量 …… 33
2.1.1　电极电位 …… 33
2.1.2　电极电位的测量原理 …… 34
2.2　通电时电极电位的测量 …… 35
2.2.1　三电极体系 …… 35
2.2.2　极化时电极电位测量和主要误差来源 …… 36

2.3　辅助电极 …… 37
2.4　参比电极 …… 38
2.4.1　参比电极的主要性能 …… 38
2.4.2　常用水溶液中的参比电极 …… 38
2.5　研究电极 …… 41
2.5.1　固体电极 …… 41
2.5.2　滴汞电极 …… 43
2.6　盐桥 …… 44
2.7　电解池设计 …… 45

3　电化学测试方法 …… 48

3.1　控制电势阶跃技术 …… 48
3.1.1　常用的阶跃电势波形 …… 48
3.1.2　控制电势阶跃的电流-电势特征 …… 49
3.1.3　扩散控制下的电势阶跃 …… 49
3.1.4　计时电流法与计时库仑法 …… 51
3.1.5　双电势阶跃 …… 52
3.1.6　恒电势法应用 …… 53
3.2　控制电流技术 …… 57
3.2.1　控制电流阶跃过程的特点 …… 57
3.2.2　常见的阶跃电流波形 …… 58
3.2.3　控制电流阶跃的一般理论 …… 59
3.2.4　控制电流阶跃的电势-时间曲线特征 …… 61
3.2.5　控制电流技术的应用 …… 62
3.3　脉冲技术 …… 67
3.3.1　原理 …… 68
3.3.2　常见的脉冲波形 …… 68
3.3.3　库仑脉冲法 …… 69
3.3.4　脉冲伏安法 …… 69
3.3.5　脉冲伏安法的应用 …… 73
3.4　线性电势扫描技术 …… 73
3.4.1　线性电势扫描过程中响应电流的特点 …… 73
3.4.2　线性电势扫描伏安法 …… 75
3.4.3　循环伏安法 …… 81
3.4.4　线性电势扫描技术的应用 …… 84
3.5　交流阻抗技术 …… 87
3.5.1　交流电路的基本性质 …… 87
3.5.2　法拉第阻抗 …… 92
3.5.3　由法拉第阻抗求动力学参数 …… 94

3.5.4　交流电化学阻抗谱 …… 95
3.5.5　交流伏安法 …… 98

4　电化学实验常用仪器 …… 102

4.1　运算放大器 …… 102
4.2　由运算放大器构成的典型电路 …… 103
4.2.1　电流跟随器 …… 104
4.2.2　反相比例放大器 …… 104
4.2.3　反相加法器 …… 105
4.2.4　电流积分器 …… 105
4.2.5　电压跟随器 …… 106
4.3　电导率仪 …… 107
4.3.1　工作原理 …… 107
4.3.2　仪器的主要技术指标 …… 108
4.3.3　使用方法 …… 108
4.3.4　电极常数的测定法 …… 109
4.4　酸度计 …… 109
4.4.1　复合pH电极的结构和测量原理 …… 110
4.4.2　酸度计 …… 111
4.5　电位差计 …… 112
4.5.1　直流电位差计 …… 112
4.5.2　数字式电子电位差计 …… 116
4.6　恒电位仪 …… 117
4.6.1　工作原理 …… 117
4.6.2　仪器的使用 …… 119
4.7　恒电流仪 …… 122
4.8　CHI系列电化学工作站 …… 122
4.8.1　工作原理 …… 122
4.8.2　实验测试方法 …… 125

参考文献 …… 128

附录 …… 129

1 电化学基本知识

1.1 电化学研究对象与反应场所

电化学反应具有化学反应的共性，即反应过程中伴随着旧物质的消失和新物质的生成，同时伴随着电子的得失转移，宏观上属于氧化还原反应；但与一般氧化还原过程不同，主要表现为以下两点：(1)电极的氧化还原反应在不同的电极上反应，但一般的氧化还原反应在同一反应区域；(2)电子与离子两种载流子通过不同的媒介传输，并形成电流。传输媒介根据传输载流子的不同，分为电子导体和离子导体。

凡是依靠物体内部自由电子的定向运动导电的物体，即载流子为自由电子（或空穴）的导体，叫作电子导体，也称为第一类导体，如金属、石墨及某些固态金属化合物。如图1-1所示，E是电源，R是负载（如灯泡）。在外线路中，自由电子从电源的负极流向正极。外线路由第一类导体（导线、灯丝）串联组成，构成了电子导电回路。依靠物体内的离子运动导电的导体叫作离子导体，也称为第二类导体，例如，电解质溶液、熔融态电解质和固体电解质。电化学反应的过程涉及的器件分为两种，即原电池和电解池。

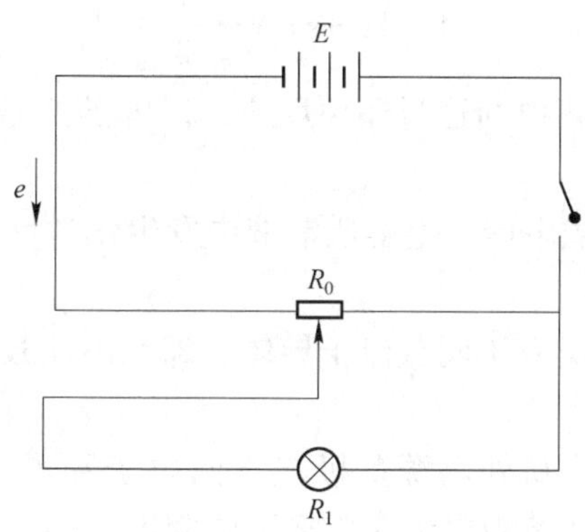

图1-1 电子导电电路示意图

1.1.1 电解池

在图1-2中E为电源，负载为电解电解质溶液。在外线路中，电流从电源E的正极经电解池流向电源E的负极。在金属导线内，载流子是自由电子，而在电解质溶液中，是依靠正、负离子的定向运动传递电荷的，载流子是正、负离子。

由此可见，图1-2中的外线路是由第一类导体和第二类导体串联组成的。电镀，如镀锌过程：

(1) 在阳极（锌版）上发生氧化反应：

$$Zn \longrightarrow Zn^{2+} + 2e$$

$$4OH^- \longrightarrow 2H_2O + O_2 \uparrow + 4e$$

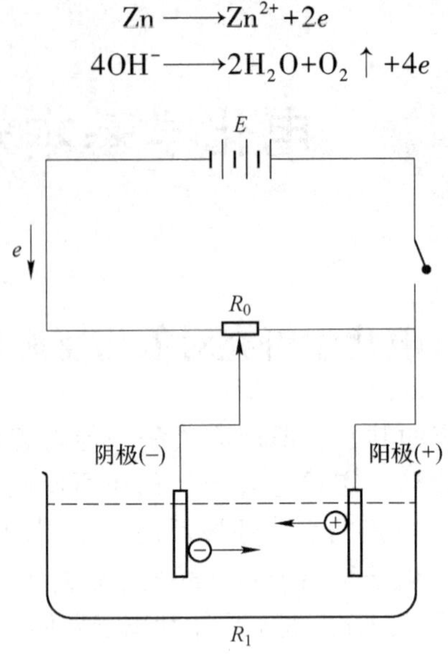

图 1-2 电解池示意图

负离子 OH^- 所带的负电荷通过氧化反应，以电子的形式传递给锌板，成为金属中的自由电子。

（2）在负极（镀件）上发生还原反应：

$$Zn^{2+} + 2e \longrightarrow Zn$$

$$H^+ + e \longrightarrow \frac{1}{2}H_2 \uparrow$$

正离子 H^+、Zn^{2+} 所带的正电荷通过还原反应，以电子的形式将电能转化成化学能储存在金属锌和氢气中给负极。

在该过程中，外电路提供电能，电解质溶液中发生化学反应，这种将电能转化成化学能的装置称之为电解池。

在图 1-2 中，存在着两类有不同载流子导体，那么不同载流子之间又是怎样传递电荷的呢？

通过上述镀锌过程发现，从外电源负极流出的电子到了电解池的负极，通过还原反应，将负电荷传递给溶液。在溶液中依靠阳离子向阴极移动、阴离子向阳极移动，将负电荷传递到了阳极，经过氧化反应将负电荷以电子形式传递给电极，极板上积累的自由电子经过导线流回电源的正极，由此可知，两类导体导电方式的转化是通过电极上的氧化还原反应实现的。

在电化学中，通常把发生氧化反应（失电子反应）的电极叫作阳极；把发生还原反应（得电子反应）的电极叫作阴极，因此电解池中与外电源正极相连的电极通常叫作阳极，与外电源负极相连的电极称为阴极。

1.1.2 原电池

在图 1-3 中 R_1 为负载，E 为电源，称作原电池。图 1-3 原电池和电解池的示意图类

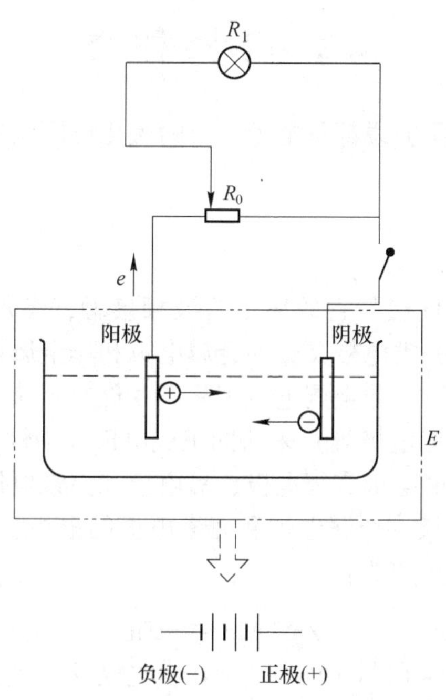

图 1-3 原电池示意图

似，也是由两个极板和电解质溶液组成的，在原电池内部是离子导电，同时在阳极上发生氧化反应，在阴极上发生还原反应。不同的是，电解池中的氧化还原反应是由外电路的电源供给电能引发的；而原电池中的氧化还原反应是自发产生的化学反应提供的化学能通过外电路转变成电能。供负载使用。原电池的阳极上，因氧化反应而有了电子的积累，故电位较低，称为负极；阴极上因还原反应而消耗了部分电子，故电位较正，称为正极。在外线路中，电子由阳极流向阴极，即电流从阴极流出，经外线路流入阳极，整个原电池回路是由第一类导体和第二类导体串联组成的。

通过对上述分析，可以得知：在电解池和原电池回路中，有两类不同导体串联，第一类导体的载流子是自由电子，第二类导体的载流子是离子，导电时电荷的连续流动是靠在两类导体界面上，两种不同载流子之间的电荷转移来实现的，而这个电荷转移过程，就是在界面上发生的得失电子的氧化还原反应，称之为电化学反应。两类导体界面上发生的氧化反应或还原反应称为电极反应。

所以，可以将电化学科学定义为研究电子导电相（金属、半导体）和离子导电相（溶液、熔盐、固体电解质）之间的界面上所发生的各种界面效应，并伴有电现象发生的化学反应的科学。这些界面效应所具有的内在特殊矛盾性就是化学现象和电现象的对立统一。具体地讲，电化学的研究对象包括 3 部分：第一类导体，第二类导体，两类导体的界面及其效应。第一类导体已属于物理学研究范畴；电解质溶液理论则是第二类导体研究中最重要的组成部分，也是经典电化学的重要领域；至于两类导体的界面性质及其效应，则是现代电化学的主要内容。

1.2 电极种类

电极上进行的反应从本质上说都是电子得失的氧化还原反应，通常根据材料与它相接触的溶液将电极分为3类。

1.2.1 第一类电极

这类电极的特点是电极直接与它的离子溶液相接触，参加反应的物质存在于两个相中，电极有一个相界面。第一类电极又分为金属电极和非金属电极：金属电极是由0价金属和它的离子溶液组成的电极；非金属电极则除了0价非金属及其离子溶液外，还需借助惰性金属电极（如铂电极、钯电极等）来共同组成电极，惰性电极不参与电极反应，只起电子传输作用。常见的非金属电极有氢电极、氧电极和卤素电极。

（1）金属电极和卤素电极。金属电极和卤素电极的电极反应均较简单，例如锌电极，电极表示为 $Zn^{2+} \mid Zn$，电极反应为：

$$Zn^{2+}+2e \rightleftharpoons Zn$$

又如氯电池，电极表示为 $Cl^- \mid Cl(g) \mid Pt$，电极反应为：

$$Cl_2(g)+2e \rightleftharpoons 2Cl^-$$

（2）氢电池。标准氢电池是最重要的参比电池，它是定义标准电极电势的基础。氢电极为典型的非金属气体电极，其结构如图1-4所示。将镀有铂黑的铂片浸入到含有 H^+ 的溶液中，并不断通入氢气，使溶液被氢气饱和，即构成了气体氢电极。该电极的电极反应为：

$$2H^+ +2e \rightleftharpoons H_2(g)$$

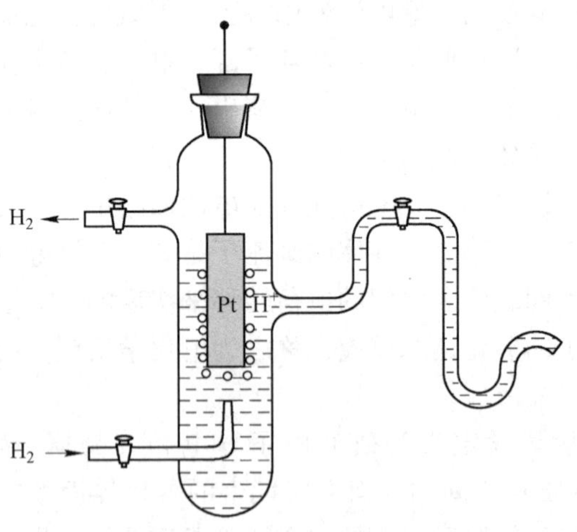

图1-4 氢电极结构

标准电极电势为：

$$E^{\ominus} \{ H^+ \mid H_2(g) \} = 0 \qquad (1-1)$$

氢电极的最大优点是其电极电势随温度改变很小。但它的使用条件比较苛刻，既不能用在含有氧化剂的溶液中，也不能用在含有汞或砷的溶液中。

通常所说的作为参比电极的氢电极是由铂电极和含有 H^+ 的酸性溶液组成的，氢电极也可将铂片浸入碱性溶液构成，其电极表示为 H_2O，OH^- | H_2（g）| Pt，电极反应为：

$$2H_2O+2e \rightleftharpoons H_2\ (g)+2OH^-$$

25℃下碱性氢电池的标准电极电动势 $E^\ominus$ | H_2O，OH^- | H_2（g）| $=-0.828$V，其值可借助水的离子积计算得出，见下例1-1。

例1-1 将碱性氢电池和酸性氢电池组成如下电池：

$$Pt\mid H_2(g,100kPa)\mid H^+ \parallel H_2O,OH^- \mid H_2(g,100kPa)\mid Pt$$

写出电极、电极反应和电极电动势的能斯特方程，并计算 $E^\ominus$ | H_2O，OH^- | $H_2(g)$ | 。

解：该电池由酸性氢电极作为阳极，碱性氢电极作阴极，其电极反应为：

$$\text{阳极反应：}\frac{1}{2}H_2\ (g,100kPa) \longrightarrow H^+ +e$$

$$\text{阴极反应：}H_2O+e \longrightarrow OH^- +\frac{1}{2}H_2\ (g,100kPa)$$

$$\text{电池反应：}H_2O = OH^- +H^+$$

由能斯特方程有：

$$E = E^\ominus - \frac{RT}{F}\ln\frac{a(H^+)a(OH^-)}{a(H_2O)} \tag{1-2}$$

其中，$E^\ominus = E^\ominus$ | H_2O，OH^- | $H_2(g)$ | $-E^\ominus$ | H^+ | $H_2(g)$ | 。

电池反应达到平衡时，$E=0$，则

$$E^\ominus = \frac{RT}{F}\ln K_W \tag{1-3}$$

即

$$E^\ominus\mid H_2O,\ OH^-\mid H_2(g) = E^\ominus\mid H^+\mid H_2\ (g)\mid +\frac{RT}{F}\ln K_W \tag{1-4}$$

因 $E^\ominus$ | H^+ | $H_2(g)$ | $=0$ 且25℃时水的离子积 $K_W=1.008\times10^{-14}$，代入式（1-4）得

$$E^\ominus\mid H_2O,\ OH^-\mid H_2(g)\mid = \frac{RT}{F}\ln K_W$$

$$=0.05916V\times\ln(1.008\times10^{-14}) = -0.828V \tag{1-5}$$

（3）氧电极。氧电极在结构上与氢电极类似，也是将镀有铂黑的铂片浸入酸性或碱性（常见）溶液中构成，只是通入的气体为 O_2（g）。

酸性氧电极：H_2O，H^+ | $O_2(g)$ | Pt

电极反应：$O_2(g)+4H^+ +4e \rightleftharpoons 2H_2O$

25℃下：$E^\ominus$ | H_2O，H^+ | $O_2(g)$ | $=1.229$V

碱性氧电极：H_2O，OH^- | $O_2(g)$ | Pt

电极反应：$O_2(g)+2H_2O+4e \rightleftharpoons 4OH^-$

25℃下：$E^\ominus$ | H_2O，OH^- | $O_2(g)$ | $=0.401$V

碱性氧电极与酸性氧电极的标准电极电势之间的关系与氢电极的类似：

$$E^\ominus\mid H_2O,\ OH^-\mid O_2(g) = E^\ominus\mid H_2O,\ H^+\mid O_2(g)\mid +\frac{RT}{F}\ln K_W \tag{1-6}$$

同样可用例 1-1 中的方法推导，另外也可通过反应 $\Delta_r G_m^\ominus$ 与 $E^\ominus$ 和 $K^\ominus$ 的关系推导。

1.2.2 第二类电极

第二类电极包括金属-难溶盐和金属-难溶氧化物电极，这类电极的特点是参与反应的物质存在于 3 个相中，电极有 2 个相界面。

(1) 金属-难溶盐电极。这类电极是由金属和它的难溶盐以及具有与难溶盐相同阴离子的易溶盐溶液组成。最常用的有银-氯化银电极和甘汞电极。

银-氯化银电极是在金属银上覆盖一层氯化银，然后将它浸入含有 Cl^- 的溶液中制成的，如图 1-5 所示。

甘汞电极的示意图如图 1-6 所示，底部为金属 Hg，上面是由 $Hg_2Cl_2(s)$ 制成的糊状物，再上面为 KCl 溶液。导线为铂线，装入玻璃管内，插到仪器底部。甘汞电极可表示为 $Cl^- \mid Hg_2Cl_2(s) \mid Hg$，电极反应为：

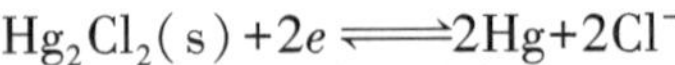

$$Hg_2Cl_2(s)+2e \rightleftharpoons 2Hg+2Cl^-$$

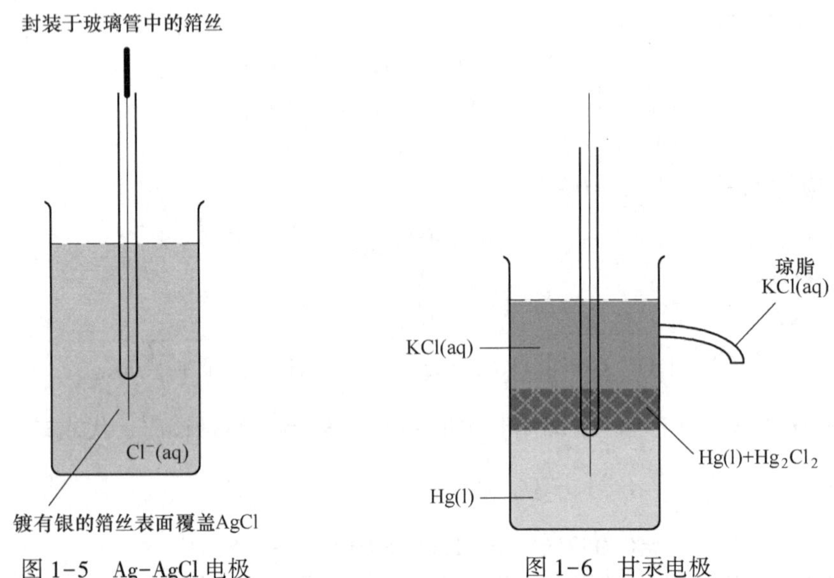

图 1-5 Ag-AgCl 电极　　图 1-6 甘汞电极

甘汞电极的电极电势在温度恒定时只与 Cl^- 的活度有关，按 KCl 溶液浓度的不同，常见的甘汞电极有 3 种，见表 1-1。

表 1-1 不同浓度甘汞电极的电极电势

KCl 浓度/$mol \cdot dm^{-3}$	E_T/V	E（25℃）/V
0.1	$0.3335-7\times10^{-3}$（T/℃-25）	0.3335
1	$0.2799-2.4\times10^{-4}$（T/℃-25）	0.2799
饱和	$0.2410-7.6\times10^{-4}$（T/℃-25）	0.2410

甘汞电极的优点是容易制备。电极电势稳定。在测量电池电动势时，常用甘汞电极作为参比电极。

例 1-2 已知 25℃时，下列电池的电动势 $E=0.6095V$，试计算待测溶液的 pHPt | H_2（g，100kPa）| 待测溶液 ‖ 0.1 mol/dm^3KCl | $Hg_2Cl_2(s)$ | Hg。

解：查表 1-1 知

$$E_{右}=E\{Cl^-|Hg_2Cl_2(s)|Hg\}=0.3335V$$

$$E_{左}=E\{H^+|H_2(g)\}=E^{\ominus}\{H^+|H_2(g)\}-\frac{RT}{2F}\ln\frac{\rho(H_2)/\rho^{\ominus}}{\alpha(H^+)^2}$$

因 $E^{\ominus}\{H^+|H_2(g)\}=0$，$\rho(H_2)/\rho^{\ominus}=1$，$-\lg\alpha(H^+)=pH$，故

$$E_{左}=-0.05916V\cdot pH$$

由式 $E=E_{右}-E_{左}$，已知 $E=0.6095V$，故

$$0.6095=0.3335-(-0.05916\cdot pH)$$

解得

$$pH=4.67$$

（2）金属-难溶氧化物电极。以锑-氧化锑为例。在锑棒上覆盖一层三氧化二锑，将其浸入含有 H^+或 OH^-的溶液中就构成了锑-氧化锑电极。

酸性溶液中：H_2O，H^+ | $Sb_2O_3(s)$ | Sb

电极反应：$Sb_2O_3+6H^++6e \rightleftharpoons 2Sb+3H_2O$

碱性溶液中：H_2O，OH^- | $Sb_2O_3(s)$ | Sb

电极反应：$Sb_2O_3(s)+3H_2O+6e \rightleftharpoons 2Sb+6OH^-$

酸性电极为对 H^+的可逆电极，电极电势取决于 H^+的活度；碱性电极为对 OH^-的可逆电极，电极电势取决于 OH^-的活度。

锑-氧化锑电极为固体电极，应用起来很方便，可用于测定溶液的 pH。但注意不能将其应用于酸性溶液中。

1.2.3 第三类电极

第三类电极又称为氧化还原电极。当然任何电极上发生的反应均为氧化还原反应，但这里的氧化还原电极特指参加氧化还原反应的物质都在溶液一个相中，电极极板（通常用 Pt）只起输送电子的作用，不参加电极反应，电极只有一个相界面。例如电极 Fe^{3+}，Fe^{2+} | Pt；电极 MnO_4^-，Mn^{2+}，H^+，H_2O | Pt。

两电极的电极反应分别为：

$$Fe^{3+}+e \rightleftharpoons Fe^{2+}$$

$$MnO_4^-+8H^++5e \rightleftharpoons Mn^{2+}+4H_2O$$

氧化还原电极以前一般多以贵金属为电极材料，如铂和金等，但现在有很多材料可用作惰性电极，如玻璃碳、碳纤维、石墨、炭黑以及半导体氧化物等，只要电极材料既可传输电子，又在应用的电势范围内不发生反应就可以。

1.3 电极溶液界面的双电层结构

为了解释电化学过程中的一些实验现象，需要了解电极/溶液界面具有什么样的结构，

即界面剩余电荷是如何分布的。为此，人们曾提出过各种界面结构模型。反过来，这些实验事实又可被用来检验人们所提出的结构模型是否正确。

随着电化学理论和实验技术的发展，界面结构模型也不断发展。本小节中，主要介绍为人们普遍接受的基本观点和有代表性的界面结构模型。

1.3.1　电极/溶液界面的基本结构

在电极/溶液界面存在着两种相间相互作用：一种是电极与溶液两相中的剩余电荷引起的静电作用；另一种是电极和溶液中各种粒子（离子、溶质分子、溶剂分子等）之间的短程作用，如特性吸附、偶极子定向排列等，它只在零点几个纳米的距离内发生。这些相互作用决定着界面的结构和性质。

静电作用是一种长程性质的相互作用，它使符号相反的剩余电荷试图相互靠近，趋向于紧贴着电极表面排列，形成图 1-7 所示的紧密双电层结构，简称紧密层。可是，电极和溶液两相中的荷电粒子都不是静止不动的，而是处于不停的热运动之中，热运动促使荷电粒子倾向于均匀分布，从而使剩余电荷能够紧贴着电极表面分布，而具有一定的分散性，形成分散层。这样，在静电作用和粒子热运动的矛盾作用下，电极/溶液界面的双电层将由紧密层和分散层两部分组成，如图 1-8 所示。

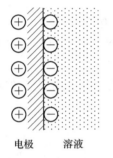

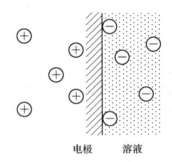

图 1-7　电极/溶液界面的紧密双电层结构　　图 1-8　热运动干扰时的电极/溶液界面双电层结构

由于双电层结构的分散性，也就是剩余电荷分布的分散性取决于静电作用和热运动的对立统一结果，因而在不同条件的电极体系中，双电层的分散性不同。当金属与电解质溶液组成电极体系时，在金属相体系中，双电层的分散性不同。当金属与电解质溶液组成电极体系时，在金属相中，由于电子的浓度很大（可达 10^{25}mol/dm^3），少量剩余电荷（自由电子）在界面的集中并不会明显破坏自由电子的均匀分布。因此，可以认为金属中全部剩余电荷都是紧密分布的，金属内部各点的电位均相等。在溶液相中，当溶液总度较高、电极表面电荷密度较大时，由于离子热运动比较困难，对剩余电荷分布的影响较小，而电极与溶液相间的静电作用较强，对剩余电荷的分布起主导作用，因此，溶液中的剩余电荷（水化离子）也倾向于紧密分布，从而形成图 1-7 所示的紧密双电层。如果溶液总浓度较低，或电极表面电荷密度较小，那么，离子热运动的作用增强，而静电作用减弱，将形成如图 1-9 所示的紧密层与分散层共存的结构。

如果由半导体材料和电解质溶液组成电极体系，那么，在固相（半导体相）中，由于载流子浓度较小（约 10^{17}mol/dm^3），则剩余电荷的分布也将具有一定的分散性，可形成图

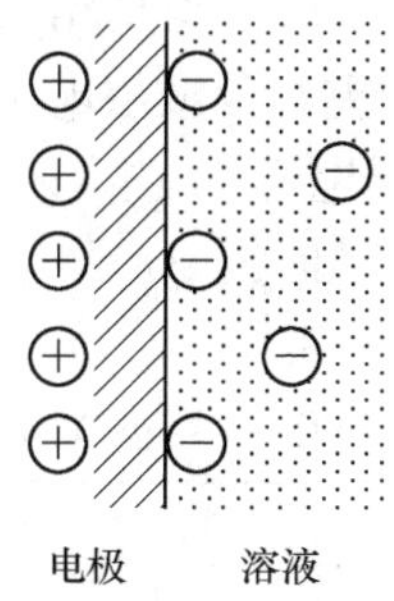

图 1-9 金属/溶液界面的双电层结构

1-8 所示的双电层结构。

在紧密层中，还应该考虑到电极与溶液两相间短程相互作用对剩余电荷分布的影响。如果只考虑静电作用，那么一般情况下可以得出如图 1-10 所示的电极/溶液界面剩余电荷分布和电位分布。由图 1-10 可知，在双电层的金属一侧剩余电荷集中在电极表面；在双电层的溶液一侧，剩余电荷的分布有一定的分散性。因此双电层是由紧密层和分散层两部分组成的。图中 d 为紧贴电极表面排列的水化离子的电荷中心与电极表面的距离，也就是离子电荷能接近电极表面的最小距离。所以，从 $x=0$ 到 $x=d$ 的范围内不存在剩余电荷，这一范围即为紧密层。显然，紧密层的厚度为 d。若假定紧密层内的介电常数为恒定值，则该层内的电位分布是线性变化的（见图 1-10（b））。从 $x=d$ 到剩余电荷为零（溶液中）的双电层部分即为分散层。其电位分布是非线性变化的。图 1-10（b）所示为最简单的情况。

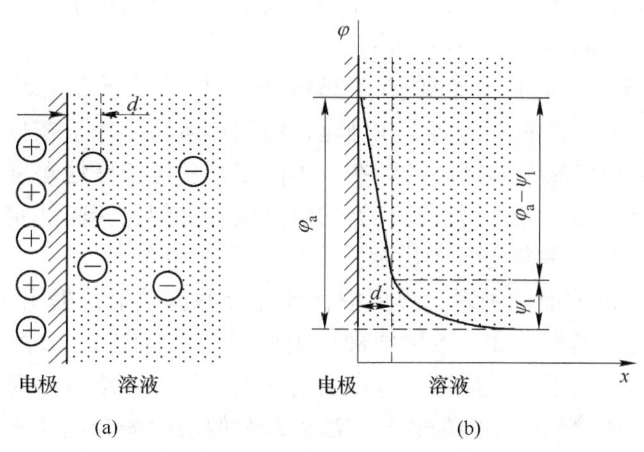

图 1-10 金属/溶液界面剩余电荷与电位的分布

（a）剩余电荷分布；（b）电位分布

距离电极表面 d 处的平均电位称为 ψ_1 电位。在没有考虑紧密层内具体结构的情况下，常习惯地把 ψ_1 电位定义为距离电极表面一个水化离子半径处的平均电位。实际上，从后面的讨论中将看到在不同结构的紧密层中，d 的大小是不同的。所以把 ψ_1 电位看作是距离电极表面 d 处，即离子电荷与电位的分布能接近电极表面的最小距离处的平均电位更合适些。也可以把 ψ_1 电位看作紧密层与分散层交界面的平均电位。

若以 φ_a 表示整个双电层的电位差，则由图 1-10 可知，紧密层电位差的数值为（$\varphi_a-\psi_1$）；

分散层电位差的数值为 ψ_1。须指出 φ_a 与 ψ_1 均是相对于溶液深处的电位（规定为零）而言的。由于双电层电位差由紧密层电位差与分散层电位差两部分组成，即 $\varphi_a=(\varphi_a-\psi_1)+\psi_1$，所以，可以利用式（1-7）计算双电层电容：

$$\begin{aligned}\frac{1}{C_d}&=\frac{\mathrm{d}\varphi_a}{\mathrm{d}q}\\&=\frac{\mathrm{d}(\varphi_a-\psi_1)}{\mathrm{d}q}+\frac{\mathrm{d}\psi_1}{\mathrm{d}q}\\&=\frac{1}{C_{紧}}+\frac{1}{C_{分}}\end{aligned}\tag{1-7}$$

即把双电层的微分电容看成是由紧密层电容 $C_{紧}$ 和分散层电容 $C_{分}$ 串联组成的，如图 1-11 所示。

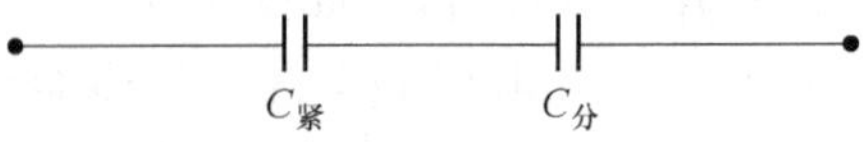

图 1-11 双电层微分电容的组成

1.3.2 斯特恩（Stern）模型

亥姆荷茨在 19 世纪末曾根据电极与溶液间的静电作用，提出紧密双电层模型，即把双电层比拟为平行板电容器，描述为图 1-7 所示的结构。该模型基本上可以解释界面张力随电极电位变化的规律和微分电容曲线上所出现的平台区。但是，它解释不了界面电容随电极电位和溶液总浓度变化而变化，以及在稀溶液中零电荷电位下微分电容最小等基本实验事实。因而亥姆荷茨的模型还很不完善。

20 世纪初，古依（Gouy）和恰帕曼（Chapman）根据粒子热运动的影响，提出了分散层模型。该模型认为，溶液中的离子在静电作用和热运动作用下按位能场中粒子的波尔兹曼分配律分布，完全忽略了紧密层的存在。因而尽管它能较好地解释微分电容最小值的出现和电容随电极电位的变化，但理论计算的微分电容值却比实验测定值大得多，而且解释不了微分电容曲线上“平台区"的出现。

1924 年斯特恩在汲取前两种理论模型中合理部分的基础上，提出了双电层静电模型。该模型认为双电层是由紧密层和分散层两部分组成的，具有图 1-10 所示的物理图像，被后人称为斯特恩模型。由于这一模型对分散层的讨论比较深入细致，对紧密层的描述很简单，并且采用了与古依恰帕曼相同的数学方法处理分散层中剩余电荷和电位的分布及推导出相应的数学表达式（双电层方程式），所以，现代电化学中又常将斯特恩模型称为古依恰帕曼-斯特恩模型或 GCS 分散层模型。

1.3.2.1 双电层方程式的推导思路

下面以 1-1 价型电解质溶液为例，阐明推导双电层方程式的基本思路。

（1）从粒子在界面电场中服从波尔兹曼分布出发，假设离子与电极之间除了静电作用外没有其他相互作用；双电层的厚度比电极曲率半径小得多，因而可将电极视为平面电极处理，即认为双电层中电位只是方向的一维函数。这样，按照波尔兹曼分布律，在距电极表面 x 处的液层中，离子的浓度分布为：

$$c_+ = c\exp\left(-\frac{\psi F}{RT}\right)$$

$$c_- = c\exp\left(\frac{\psi F}{RT}\right)$$

式中，c_+，c_-分别为正负离子在电位为 ψ 的液层中的浓度；ψ 为距离电极表面 x 处的电位；c 为远离电极表面（$\psi=0$）处的正负离子浓度，也即电解质溶液的体浓度。

因此，在距电极表面 x 处的液层中，剩余电荷的体电荷密度为：

$$\begin{aligned}\rho &= Fc_+ - Fc_- \\ &= cF\left[\exp\left(-\frac{\psi F}{RT}\right) - \exp\left(\frac{\psi F}{RT}\right)\right]\end{aligned} \tag{1-8}$$

式中，ρ 为体电荷密度。

（2）忽略离子的体积，假定溶液中离子电荷是连续分布的（实际上离子具有粒子性，故离子电荷是不连续分布的）。因此，可应用静电学中的泊松（Poisson）方程，把剩余电荷的分布与双电层溶液一侧的电位分布联系起来。

当电位为 x 的一维函数时，泊松方程具有如下形式：

$$\frac{\partial^2\psi}{\partial x^2} = -\frac{\partial E}{\partial x} = -\frac{\rho}{\varepsilon_0\varepsilon_r} \tag{1-9}$$

式中，E 为电场强度；其他字符意义如前所述。

将式（1-2）代入式（1-3），得

$$\frac{\partial^2\psi}{\partial x^2} = -\frac{cF}{\varepsilon_0\varepsilon_r}\left[\exp\left(-\frac{\psi F}{RT}\right) - \exp\left(\frac{\varphi F}{RT}\right)\right] \tag{1-10}$$

利用数学关系式 $\frac{\partial^2\psi}{\partial x^2} = \frac{1}{2}\frac{\partial}{\partial\psi}\left(\frac{\partial\psi}{\partial x}\right)^2$，可将式（1-10）写成

$$\partial\left(\frac{\partial\psi}{\partial x}\right)^2 = -\frac{2cF}{\varepsilon_0\varepsilon_r}\left[\exp\left(-\frac{\psi F}{RT}\right) - \exp\left(\frac{\psi F}{RT}\right)\right]\partial\varphi \tag{1-11}$$

将上式从 $x=d$ 到 $x=\infty$ 积分，并根据 GCS 模型的物理图像可知：$x=d$ 时，$\psi=\psi_1$；$x=\infty$ 时 $\psi=0$，$\frac{\partial\psi}{\partial x}=0$。故积分结果为：

$$\begin{aligned}\left(\frac{\partial\psi}{\partial x}\right)^2_{x=d} &= \frac{2cRT}{\varepsilon_0\varepsilon_r}\left[\exp\left(-\frac{\psi_1 F}{RT}\right) + \exp\left(\frac{\psi_1 F}{RT}\right) - 2\right] \\ &= \frac{2cRT}{\varepsilon_0\varepsilon_r}\left[\exp\left(\frac{\psi_1 F}{2RT}\right) - \exp\left(-\frac{\psi_1 F}{2RT}\right)\right]^2 \\ &= \frac{8cRT}{\varepsilon_0\varepsilon_r}\sinh^2\left(\frac{\psi_1 F}{2RT}\right)\end{aligned} \tag{1-12}$$

由于按照绝对电位符号的规定，当电极表面剩余电荷密度 q 为正值时，$\psi>0$；而随距离 x 的增加，ψ 值将逐渐减小，即 $\frac{\partial\psi}{\partial x}<0$，所以，$\left(\frac{\partial\psi}{\partial x}\right)^2$ 开方后应取负值。这样，由式（1-12）可得：

$$\left(\frac{\partial\psi}{\partial x}\right)_{x=d}=-\sqrt{\frac{2cRT}{\varepsilon_0\varepsilon_r}}\left[\exp\left(\frac{\psi_1 F}{2RT}\right)-\exp\left(-\frac{\psi_1 F}{2RT}\right)\right]$$

$$=\sqrt{\frac{8cRT}{\varepsilon_0\varepsilon_r}}\sinh\left(\frac{\psi_1 F}{2RT}\right) \tag{1-13}$$

（3）将双电层溶液一侧的电位分布与电极表面剩余电荷密度联系起来，以便更明确地描述分散层结构的特点。

应用静电学的高斯定律，电极表面电荷密度 q 与电极表面（$x=0$）电位梯度的关系为：

$$q=-\varepsilon_0\varepsilon_r\left(\frac{\partial\psi}{\partial x}\right)_{x=0} \tag{1-14}$$

由图 1-10 知，由于荷电离子具有一定体积，溶液中剩余电荷靠近电极表面的最小距离为 d。在 $x=d$ 处，$\psi=\psi_1$。由于从 $x=0$ 到 $x=d$ 的区域内不存在剩余电荷，ψ 与 x 的关系是线性的。因此，

$$\left(\frac{\partial\psi}{\partial x}\right)_{x=0}=\left(\frac{\partial\psi}{\partial x}\right)_{x=d}$$

所以，

$$q=-\varepsilon_0\varepsilon_r\left(\frac{\partial\psi}{\partial x}\right)_{x=d} \tag{1-15}$$

把式（1-13）代入式（1-15），可得

$$q=\sqrt{2cRT\varepsilon_0\varepsilon_r}\left[\exp\left(\frac{\psi_1 F}{2RT}\right)-\exp\left(-\frac{\psi_1 F}{2RT}\right)\right]$$

$$=\sqrt{8cRT\varepsilon_0\varepsilon_r}\sinh\left(\frac{\psi_1 F}{2RT}\right) \tag{1-16}$$

对于 z-z 价型电解质，式（1-16）可写成：

$$q=\sqrt{8cRT\varepsilon_0\varepsilon_r}\sinh\left(\frac{|z|\ \psi_1 F}{2RT}\right) \tag{1-17}$$

式（1-16）和式（1-17）就是 GCS 模型的双电层方程式。它表明了分散层电位差的数值（ψ_1）和电极表面电荷密度（q）、溶液浓度（c）之间的关系。通过 GCS 模型的双电层方程可以讨论分散层的结构特征和影响双电层结构分散性的主要因素。

根据图 1-10，作为最简单的情况，可假设 d 是不随电极电位变化的常数。因而，可将紧密层作为平行板电容器处理，其电容值 $C_{紧}$ 为一恒定值。即

$$C_{紧}=\frac{q}{\varphi_a-\psi_1}=\text{常数}$$

所以

$$q=C_{紧}(\varphi_a-\psi_1) \tag{1-18}$$

将式（1-18）代入式（1-16）中，得到

$$q=C_{紧}(\varphi_a-\psi_1)=\sqrt{8cRT\varepsilon_0\varepsilon_r}\sinh\left(\frac{\psi_1 F}{2RT}\right)$$

则

$$\varphi_a = \psi_1 + \frac{1}{C_{紧}}\sqrt{8cRT\varepsilon_0\varepsilon_r}\sinh\left(\frac{\psi_1 F}{2RT}\right)$$

或

$$\varphi_a = \psi_1 + \frac{1}{C_{紧}}\sqrt{2cRT\varepsilon_0\varepsilon_r}\left[\exp\left(\frac{\psi_1 F}{2RT}\right) - \exp\left(-\frac{\psi_1 F}{2RT}\right)\right] \tag{1-19}$$

由于式（1-19）把电极/溶液界面双电层的总电位差 φ_a 与4联系在一起，因而该式比式（1-16）和式（1-17）在讨论界面结构时更为实用。因为从式（1-10）中可以分析由剩余电荷形成的相同电位 φ_a 是如何分配在紧密层和分散层中的，以及溶液浓度和电极电位的变化对电位分布会产生什么影响。

1.3.2.2 对双电层方程式的讨论

（1）当电极表面电荷密度 q 和溶液浓度 c 都很小时，双电层中的静电作用能远小于离子热运动能，即 $|\psi_1|F \ll RT$。所以，式（1-16）、式（1-17）和式（1-18）可按级数展开，略去高次项，得到：

$$q = \sqrt{\frac{2c\varepsilon_0\varepsilon_r}{RT}}F\psi_1 \tag{1-20}$$

$$\varphi_a = \psi_1 + \frac{1}{C_{紧}}\sqrt{\frac{2c\varepsilon_0\varepsilon_r}{RT}}F\psi_1 \tag{1-21}$$

在很稀的溶液中，c 小到足以使式（1-21）右方第二项可以忽略不计时，可得出 $\varphi_a \approx \psi_1$。这表明，此时剩余电荷和相间电位分布的分散性很大，双电层几乎全部是分散层结构。并可认为分散层电容近似等于整个双电层的电容。若将分散层等效为平行板电容器，则由式（1-20）得到

$$C_{分} = \frac{q}{\psi_1} = \sqrt{\frac{2c\varepsilon_0\varepsilon_r}{RT}}F \tag{1-22}$$

与平行板电容器公式 $C = \frac{\varepsilon_0\varepsilon_r}{L}$ 比较可知

$$L = \frac{1}{F}\sqrt{\frac{RT\varepsilon_0\varepsilon_r}{2c}} \tag{1-23}$$

式中，L 为平行板电容器的极间距离，因而在这里可以代表分散层的有效厚度，也称为德拜长度。它表示分散层中剩余电荷分布的有效范围。

由式（1-23）可看出，分散层有效厚度与 $\sqrt{c}$ 成反比，与 $\sqrt{T}$ 成正比。所以，溶液浓度增加或温度降低，将使分散层有效厚度 l 减小，从而分散层电容 $C_{分}$ 增大。这就解释了为什么微分电容值随溶液浓度的增加而增大（见图1-12）。

（2）当电极表面电荷密度 q 和溶液浓度 c 都比较大时，双电层中静电作用能远大于离子热运动能，即 $|\psi_1|F \gg RT$。这时，式（1-19）中右方第二项远大于第一项。可以认为 $|\varphi_a| \gg |\psi_1|$，即双电层中分散层所占比例很小，主要是紧密层结构，故 $\varphi_a \approx (\varphi_a - \psi_1)$。因此，可略去式（1-19）中右方第一项和第二项中较小的指数项，得到：

$$\varphi_a \approx \pm\frac{1}{C_{紧}}\sqrt{2cRT\varepsilon_0\varepsilon_r}\exp\left(\pm\frac{\psi_1 F}{2RT}\right) \tag{1-24}$$

式中，对正的 φ_a 值取正号，对负的值 φ_a 取负号。将式（1-15）改写成对数形式，则为：

$$\psi_1 > 0 \text{ 时}, \psi_1 \approx -A + \frac{2RT}{F}\ln\varphi_a - \frac{RT}{F}\ln c \tag{1-25}$$

$$\psi_1 < 0 \text{ 时}, \psi_1 \approx A - \frac{2RT}{F}\ln(-\varphi_a) + \frac{RT}{F}\ln c \tag{1-26}$$

$$A = \frac{2RT}{F}\ln\frac{1}{C_{紧}}\sqrt{2RT\varepsilon_0\varepsilon_r}$$

式中，A 为“常数”。

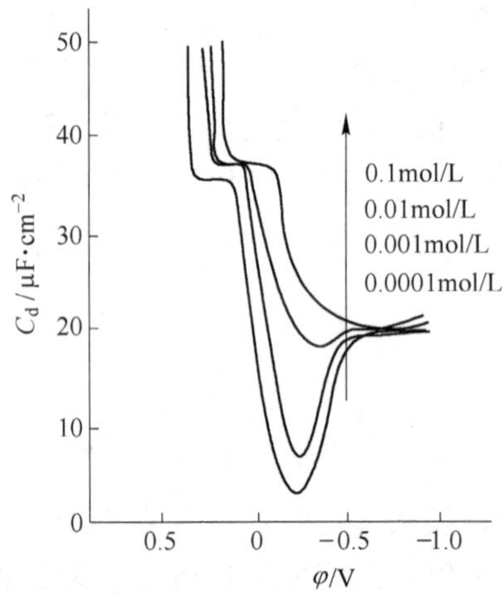

图 1-12 滴汞电极在不同浓度氯化钾溶液中的微分电容曲线

由式（1-25）和式（1-26）可知，当相间电位 φ_a 的绝对值增大时，$|\psi_1|$ 也会增大，但两者是对数关系，因而 $|\psi_1|$ 的增加比 $|\psi_a|$ 的变化要缓慢得多。随着 $|\psi_a|$ 的增大，分散层电位差在整个双电层电位差中所占的比例越来越小。当 ψ_a 的绝对值增大到一定程度时 ψ_1 即可忽略不计了。其次，溶液浓度的增加，也会使 $|\psi_1|$ 减小。25℃时，溶液浓度增大 10 倍，$|\psi_1|$ 约减小 59mV，这表明双电层结构的分散性随溶液浓度的增加而减小了。

双电层结构分散性的减小意味着它的有效厚度减小，因而界面电容值增大，这就较好地说明了微分电容随电极电位绝对值和溶液总浓度增大而增加的原因。

（3）根据斯特恩模型，还可以从理论上估算表征分散层特征的某些重要参数（ψ_1、$C_{分}$ 和有效厚度 l 等），有利于进一步深入分析双电层的结构，也可以与实验结果进行比较，以验证该理论模型的正确性。例如，在已知电极表面剩余电荷密度和溶液浓度时，可由式（1-16）或式（1-17）计算 ψ_1 值。对式（1-16）或式（1-17）微分，即可得到式（1-27），并可用此式计算分散层电容 $C_{分}$，即

$$C_{分} = \frac{dq}{d\varphi_1} = \frac{F}{RT}\sqrt{8cRT\varepsilon_0\varepsilon_r}\cosh\left(\frac{\psi_1 F}{2RT}\right) \tag{1-27}$$

如果把微分电容曲线远离 φ_0 处的平台区的电容值当作紧密层电容值 $C_{紧}$，那么，电极表面带负电时，$C_{紧} \approx 18\mu F/cm^2$；电极表面带正电时 $C_{紧} \approx 36\ \mu F/cm^2$。将这些数值代入式

(1-19)，则可得到不同浓度下 φ_a、ψ_1 之间的关系曲线，如图 1-13 所示。从图中可以更加直观地了解 φ_a、ψ_1 和 c 三者之间的关系，以及电极电位和溶液总浓度对双电层结构分散性的影响。根据理论估算做出的图 1-13 与根据 NaF 溶液中测得的微分电容值做出的 ψ_1-φ 关系曲线（见图 1-14）吻合得相当好。

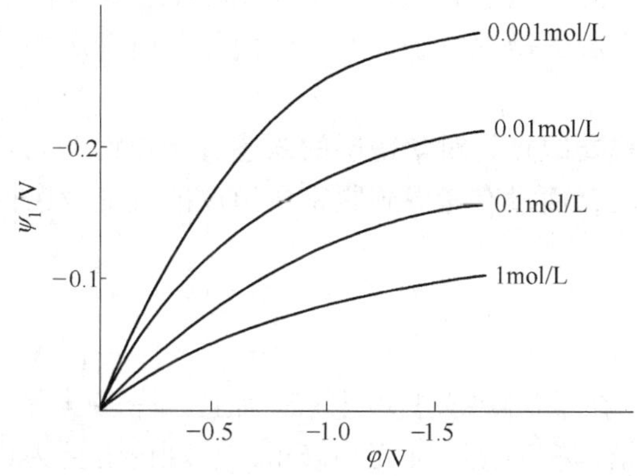

图 1-13　1-1 价型电解质溶液中 φ_a、ψ_1 和 c 三者之间的关系

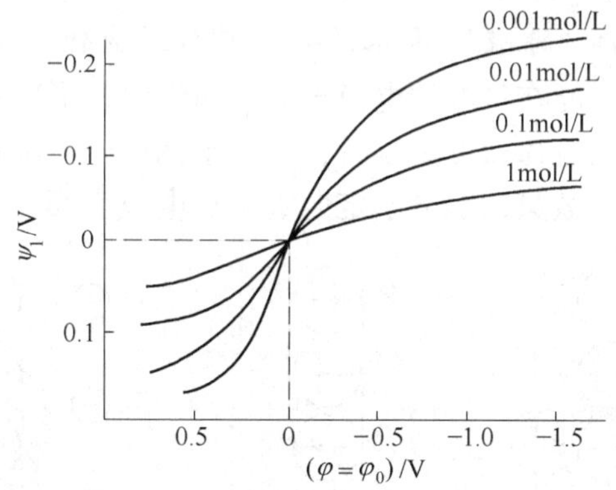

图 1-14　利用 NaF 溶液中测得的数据计算得出的 $\psi_1 \sim \varphi$ 曲线

还可以根据前面所取的 $C_{紧}$ 值，利用式（1-16）或式（1-7）、式（1-19）、式（1-27）等计算出分散层的微分电容，做出理论微分电容曲线（见图 1-15）。这组曲线与在不同浓度 KCl 溶液中汞电极上测得的微分电容曲线（见图 1-12）也能较好地吻合。

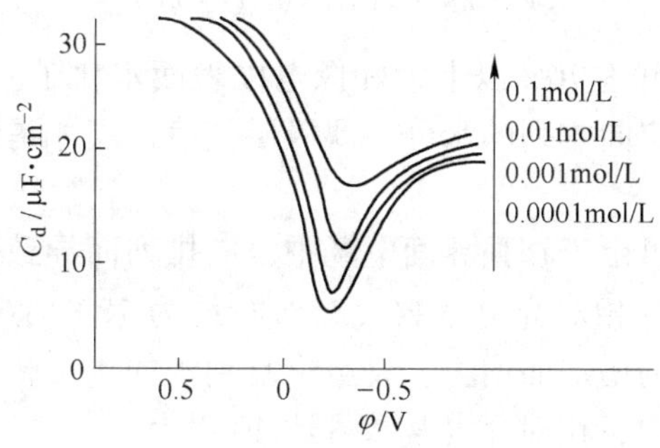

图 1-15　按照斯特恩模型计算的 1-1 价型电解质溶液中的理论微分电容曲线

上述的讨论表明，斯特恩模型能比较好地反映界面结构的真实情况。但是，该模型在推导双电层方程式时做了一些假设，例如假设介质的介电常数不随电场强度变化，把离子电荷看成点电荷并假定电荷是连续分布的，等等。这就使得斯特恩双电层方程式对界面结构的描述只能是一种近似的统计的平均结果，而不能作为准确地计算。例如，按照该模型可以计算 ψ_1 电位的数值，但这一数值应该被理解为某种宏观统计平均值。因为每一个离子附近都存在着离子电荷引起的微观电场，所以即使是与电极表面等距离的平面上，也并非是等电位的。

斯特恩模型的另一个重要缺点是对紧密层的描述过于粗糙。它只简单地把紧密层描述成厚度 d 不变的离子电荷层，而没有考虑到紧密层组成的细节及由此引起的紧密层结构与性质上的特点。

1.3.3 紧密层的结构

20 世纪 60 年代以来，在承认斯特恩模型的基础上，许多学者，如弗鲁姆金、鲍克利斯、格来亨等，对紧密层结构模型做了补充和修正，从理论上更为详细地描绘了紧密层的结构。本节以 BDM（Bockris-Davanathan-Muller）模型为主，综合介绍现代电化学理论关于紧密层结构的基本观点。

1.3.3.1 电极表面的“水化”和水的介电常数的变化

水分子是强极性分子，能在带电的电极表面定向吸附，形成一层定向排列的水分子偶极层。即使在电极表面剩余电荷密度为零时，由于水偶极子与电极表面的镜像力作用和色散力作用，也仍然会有一定数量的水分子定向吸附在电极表面，如图 1-16 所示。

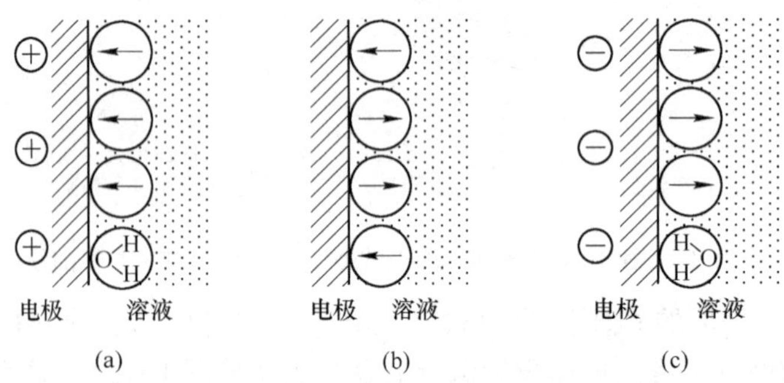

图 1-16 电极/溶液界面上的水分子偶极层

（a）$q>0$；（b）$q=0$；（c）$q<0$

水分子的吸附覆盖度可达 70%以上，好像电极表面水化了一样。因而在通常情况下，紧贴电极表面的第一层是定向排列的水分子偶极层，第二层才是由水化离子组成的剩余电荷层（见图 1-17）。

同时，第一层水分子可由于在强界面电场中定向排列而导致介电饱和，其相对介电常数降低到 5~6，比通常水的相对介电常数（25℃时约为 78）小得多。从第二层水分子开始，相对介电常数随距离的增加而增大，直至恢复到水的正常相对介电常数值。在紧密层内，即离子周围的水化膜中，相对介电常数可达 40 以上。

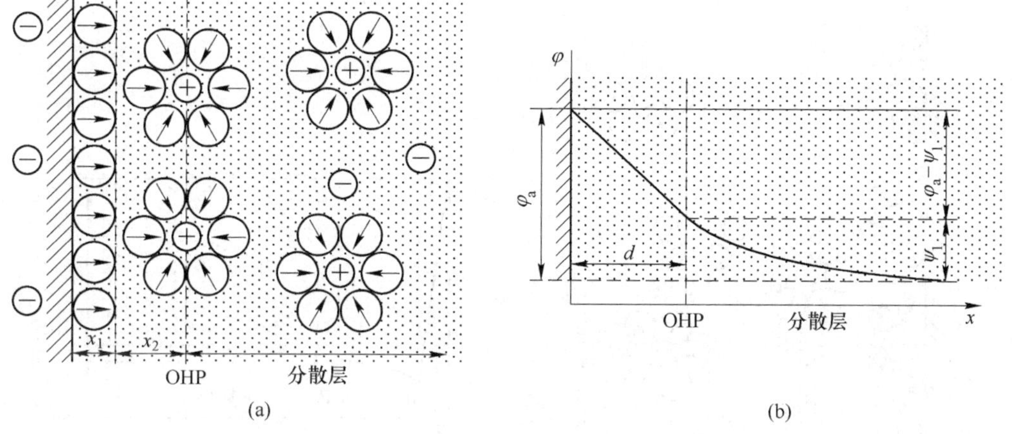

图 1-17　外紧密层结构示意图
（a）模型；（b）电位分布

1.3.3.2　没有离子特性吸附时的紧密层结构

溶液中的离子除了因静电作用而富集在电极/溶液界面外，还可能由于电极表面的短程相互作用而发生物理吸附或化学吸附。这种吸附与电极材料、离子本性及其水化程度有关，被称为特性吸附。大多数无机阳离子不发生特性吸附，只有极少数水化能较小的阳离子，如 Tl^+、Cs^+等离子能发生特性吸附。反之，除了 F^-外，几乎所有的无机阴离子都或多或少地发生特性吸附。有无特性吸附，紧密层的结构是有差别的。

当电极表面荷负电时，双电层溶液一侧的剩余电荷由阳离子组成。由于大多数阳离子与电极表面只有静电作用而无特性吸附作用，而且阳离子的水化程度较高，所以，阳离子不容易逸出水化膜而进入水偶极层。这种情况下的紧密层将由水偶极层与水化阳离子层串联组成，如图 1-17 所示，称为外紧密层。外紧密层的有效厚度 d 为从电极表面（$x=0$ 处）到水化阳离子电荷中心的距离。若设 x_1 为第一层水分子层的厚度，x_2 为一个水化阳离子的半径，则

$$d = x_1 + x_2 \tag{1-28}$$

距离电极表面为 d 的液层，即最接近电极表面的水化阳离子电荷中心所在的液层，称为外紧密层平面或外亥姆荷茨平面（OHP）。

1.3.3.3　有离子特性吸附时的紧密层结构

当电极表面荷正电时，构成双电层溶液一侧剩余电荷的阴离子水化程度较低，且能进行特性吸附，因而阴离子的水化膜遭到破坏，即阴离子能够逸出水化膜，取代水偶极层中的水分子而直接吸附在电极表面，组成图 1-18 所示的紧密层。这种紧密层称为内紧密层。阴离子电荷中心所在的液层称为内紧密层平面或内亥姆荷茨平面（IHP）。由于阴离子直接与金属表面接触，故内紧密层的厚度仅为一个离子半径，比外紧密层厚度小很多。所以，可根据内紧密层与外紧密层厚度的差别解释微分电容曲线上为什么 $q>0$ 时的紧密层（平台区）电容比 $q<0$ 时大得多。

对上述紧密层结构理论的另一个有力的实验验证是：在荷负电的电极上，实验测得的紧密层电容值与组成双电层的水化阳离子的种类基本无关（见表 1-2）。按照斯特恩模型，

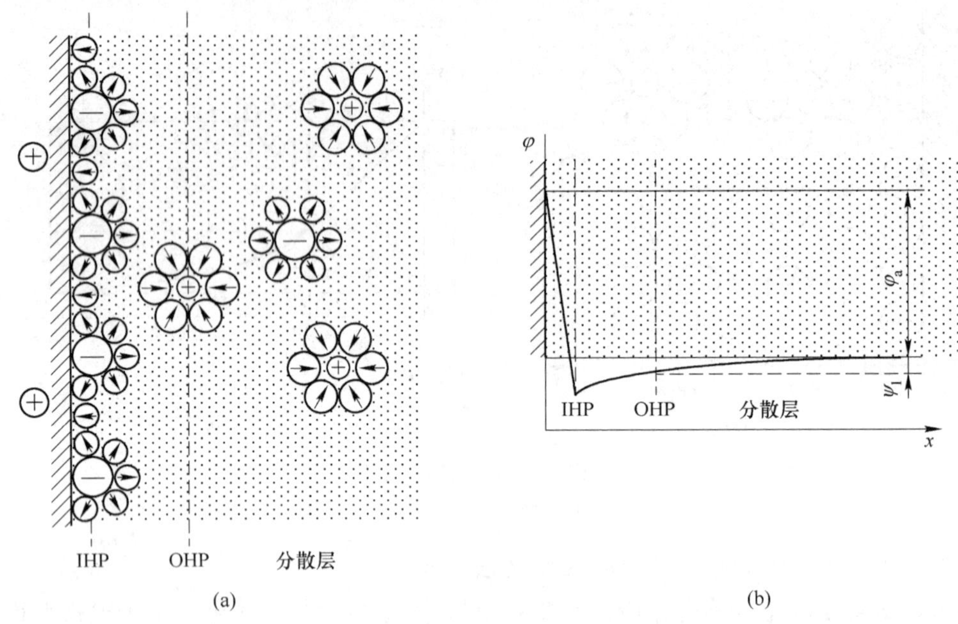

图 1-18　特性吸附时双层的模型

（a）模型；（b）电位分布

紧密层由水化阳离子紧贴电极表面排列而组成，不同水化阴离子的半径不同，紧密层厚度也不同，故紧密层电容应有差别；显然，这一结论与实验结果（见表 1-2）并不一致。但若按照上述外紫密层结构模型，水分子偶极层也相当于一个平行板电容器，所以可把紧密层电容等效成水偶极层电容和水化阳离子层电容的串联，如图 1-19 所示。因而得到：

$$\frac{1}{C_{紧}} = \frac{1}{C_{H_2O}} + \frac{1}{C_+} \tag{1-29}$$

式中，$C_{紧}$ 为紧密层电容；C_{H_2O} 为水偶极层电容；C_+为水化阳离子层电容。

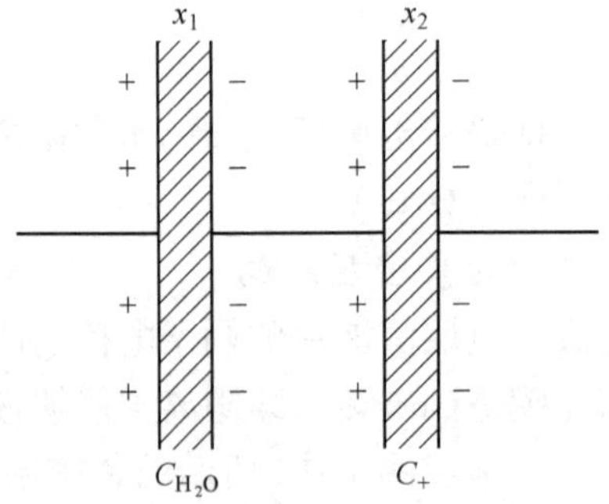

图 1-19　外紧密层的等效电路

由式（1-28）和 $C = \frac{\varepsilon_0 \varepsilon_r}{l}$，可将式（1-29）变换为：

$$\frac{1}{C_{紧}} = \frac{x_1}{\varepsilon_0 \varepsilon_{H_2O}} + \frac{x_2}{\varepsilon_0 \varepsilon_+} \tag{1-30}$$

式中，ε_{H_2O} 为水偶极层的相对介电常数，设 $\varepsilon_{H_2O}\approx 5$；$\varepsilon_+$为水偶极层与 OHP 之间的介质的相对介电常数，设 $\varepsilon_+\approx 40$。

由于 x_1 和 x_2 差别不大，而 $\varepsilon_{H_2O}<<\varepsilon_+$，所以在式（1-30）中右边第二项比第一项小得多，可以忽略不计。因此

$$\frac{1}{C_{紧}}=\frac{x_1}{\varepsilon_0\varepsilon_{H_2O}} \tag{1-31}$$

式（1-31）表明，紧密层电容只取决于水偶极层的性质，与阳离子种类无关，因而接近于常数。

若取 $\varepsilon_{H_2O}=5$，$x_1=0.28\text{nm}$，$\varepsilon_0=8.85\times10^{-10}\mu\text{F/cm}$，代入式（1-31），可计算出 $C_{紧}\approx 16\mu\text{F/cm}^2$。这个结果与表 1-2 所列出的实验值十分接近，因而证明了上述紧密层结构模型的正确性。

表 1-2 在 0.1eq/L 氯化物溶液中双电层的微分电容

离子	未水化离子的半径/10^{-1}nm	估计的水化离子半径/10^{-1}nm	微分电容/$\mu\text{F}\cdot\text{cm}^{-2}$
HsO^+	—	—	16.6
Li^+	0.60	3.4	16.2
K^+	1.33	4.1	17.0
Rb^+	1.48	4.3	17.5
Mg^{2+}	0.65	6.3	16.5
Sr^{2+}	1.13	6.7	17.0
Al^{3+}	0.50	6.1	16.5
La^{3+}	1.15	6.8	17.1

1.4 原电池热力学

用热力学方法研究可逆原电池的性质，可以了解电池反应自发进行的原因，并从理论上计算电池电动势，以及浓度、温度等因素对电池电动势的影响；同时可利用电动势与热力学函数之间的关系，用电化学的方法通过实验来测量热力学函数。

1.4.1 可逆电动势与电池反应的吉布斯函数变

由热力学第二定理可知，恒温、恒压下，系统的吉布斯函数的改变等于系统与环境交换的可逆非体积功，即 $\Delta_r G=W'_r$。而原电池在恒温、恒压可逆放电时所做的可逆电功就是系统发生化学反应对环境所做的可逆非体积功 W'_r，其值等于可逆电动势 E 与电荷量 Q 的乘积。

电池反应输出的电荷量可由法拉第定律式 $Q=zF\xi$ 计算。式中，z 为电极反应转移的电子数，同样也是电池反应转移的电子数。对于一微小过程，$dQ=zFd\xi$，故可逆电功为：

$$\delta W'_r=-(zFd\xi)E \tag{1-32}$$

因电池对外做功，其值为负，故式（1-23）中的右边添加一负号。恒温、恒压可逆

过程中，

$$dG = \delta W'_r = -zFE d\xi \tag{1-33}$$

由第5章可知，化学反应的摩尔吉布斯函数变为反应的吉布斯函数随反应进度的变化率，式（1-33）两边同除以反应进度微变 $d\xi$，可得：

$$\Delta_r G_m = \left(\frac{\partial G}{\partial \xi}\right)_{T,p} = -zFE \tag{1-34}$$

式（1-34）表明，可逆电池的电能来源于化学反应的吉布斯函数改变 $\Delta_r G_m$，对于 $\Delta_r G_m<0$ 的反应，在恒温、恒压可逆条件下，吉布斯函数的减少可全部转化为电功。

式（1-34）还表明，测定一定温度、压力下原电池的可逆电动势，可计算反应的吉布斯函数变，手册中的一些物理化学数据就是利用这种方法测定的；反过来如果已知反应的吉布斯函数变，也可以从理论上计算电池的可逆电动势。

1.4.2　由原电池电动势的温度系数计算电池反应的摩尔熵变

将式（1-34）代入式 $\left(\frac{\partial \Delta_r G_m}{\partial T}\right)_p = -\Delta_r S_m$ 中得：

$$\Delta_r S_m = zF\left(\frac{\partial E}{\partial T}\right)_p \tag{1-35}$$

式中，$\left(\frac{\partial E}{\partial T}\right)_p$ 称为原电池电动势的温度系数，它表示恒压下电动势随温度的变化率，单位为V/K，其值可通过实验测定一系列不同温度下的电动势求得。实际上这也是实验测定化学反应熵变的方法之一。

1.4.3　由原电池电动势及电动势的温度系统计算电池反应的摩尔焓变

将式（1-34）和式（1-36）代入公式 $\Delta_r G_m = \Delta_r H_m - T\Delta_r S_m$，得：

$$\Delta_r H_m = -zFE + zFT\left(\frac{\partial E}{\partial T}\right)_p \tag{1-36}$$

由于焓是状态函数，所以按式（1-36）测量计算得出的 $\Delta_r H_m$ 与反应在电池外没有非体积功情况下恒温、恒压进行时的 $\Delta_r H_m$ 相等。由于能够精确地测量电池的电动势，故按式(1-36）计算出来的 $\Delta_r H_m$ 往往比用量热法测得更准确。但要注意的是，反映出电池中进行时，由于作非体积功，所以此时的 $\Delta_r H_m$ 不等于反应的恒压热 Q_p。

1.4.4　计算原电池可逆放电时的反应热

原电池可逆放电时，化学反应热为可逆热 Q，在恒温下，$Q_r = T\Delta S$，将式（1-35）代入，得：

$$Q_r = zFT\left(\frac{\partial E}{\partial T}\right)_p \tag{1-37}$$

由式（1-37）可知，在恒温下电池可逆放电时：

若 $\left(\frac{\partial E}{\partial T}\right)_p = 0$，$Q_r = 0$，电池不吸热也不放热；

若 $\left(\frac{\partial E}{\partial T}\right)_p > 0$，$Q_r > 0$，电池从环境中吸热；

若 $\left(\frac{\partial E}{\partial T}\right)_p < 0$，$Q_r < 0$，电池向环境放热。

恒温、恒压可逆条件下，根据 $\Delta_r G_m = \Delta_r H_m - T\Delta_r S_m = W'$，代入电池反应的可逆热 Q_r，有 $\Delta_r H_m - W' = Q_r$，可以看出，此时的 Q_r 是化学反应的 $\Delta_r H_m$ 中不能转化为可逆非体积功的那部分能量。另外还可看出，当电池温度系数大于零，$Q_r>0$ 时，电池对外所做的可逆非体积功在绝对值上将大于反应的 $\Delta_r H_m$，此时电池的能量转化效率可大于 100%，当然这意味着环境要向电池提供热量。

例 1-3 25℃时，电池 Ag | AgCl（s）| HCl（b）| Cl_2（g，100kPa）| Pt 的电动势 E= 1.136V，电动势的温度系数 $(\partial E/\partial T)_p = -5.95\times10^{-4}$V/K。电池反应为：

$$Ag+1/2Cl_2\,(g,\ 100kPa) \Longrightarrow AgCl\,(s)$$

试计算该反应的 $\Delta_r G_m$、$\Delta_r S_m$、$\Delta_r H_m$ 及电池恒温可逆放电过程的可逆热 Q_r。

解：电池反应 Ag + 1/2Cl_2（g，100kPa）═AgCl（s）转移的电子数 $z=1$。根据式（1-34）及式（1-36）得：

$$\Delta_r G_m = -zFE = -1\times96485\text{C/mol}\times1.136\text{V}$$
$$= -109.6\text{kJ/mol}$$

$$\Delta_r S_m = zF\,(\partial E/\partial T)_p = -1\times96485\text{C/mol}\times(-5.95\times10^{-4}\text{V/K})$$
$$= -57.4\text{J/(mol·K)}$$

恒温下 $\Delta_r G_m = \Delta_r H_m - T\Delta_r S_m$，故：

$$\Delta_r H_m = \Delta_r G_m + T\Delta_r S_m$$
$$= -109.6\text{kJ/mol} + 298.15\text{K}\times(-57.4\text{J/(mol·K)})$$
$$= -126.7\text{kJ/mol}$$

$$Q_{r,m} = T\Delta_r S_m = 298.15\text{K}\times(-57.4\times10^{-3}\ \text{kJ/(mol·K)}) = -17.1\text{kJ/mol}$$

此例说明该反应若在恒温、恒压，非体积功为 0 的情况下（如在烧瓶中）进行，$Q_{p,m} = \Delta_r H_m = -126.7$ kJ/mol，即发生 1mol 进度反应时系统可向环境放热 126.7kJ；但同样的量对应的反应在原电池中的恒温、恒压可逆放电时放热 17.1kJ；此时 $Q_r \neq \Delta_r H_m$，少放出来的热量作了电功，因为 $W'_{r,m} = \Delta_r G_m = -109.6$kJ/mol，而此电池的能量转化效率 $\Delta_r G_m/\Delta_r H_m$ 为 86.5%。

1.5 原电极的基本方程——能斯特方程

结合吉布斯等温方程，对于化学反应

$$0 = \sum\nolimits_B v_B B$$

有
$$\Delta_r G_m = \Delta_r G_m^{\ominus} + RT\ln\prod_B(\widetilde{P}/P^{\ominus})^{v_B} \qquad (\text{气相反应})$$

或
$$\Delta_r G_m = \Delta_r G_m^{\ominus} + RT\ln\prod_B a_B^{v_B} \qquad (\text{凝聚相反应})$$

上式普遍适用于各类反应，同样也适用于电池反应。式中 $\Delta_r G_m^{\ominus}$ 为标准摩尔吉布斯函

数变，根据式（1-34），相应地有

$$\Delta_r G_m^{\ominus} = -zFE^{\ominus} \tag{1-38}$$

式中，$E^{\ominus}$为原电池的标准电动势，它等于参加电池反应的各物质均处在各自标准态时的电动势。

将式（1-34）及式（1-38）代入等温方程式，得

$$E = E^{\ominus} - \frac{RT}{zF}\ln\prod_B a_B^{v_B} \tag{1-39}$$

此式称为电池的能斯特方程，是原电池的基本方程式。它表示一定温度下可逆电池的电动势与参加电池反应各组分的活度或逸度之间的关系，反映了各组分的活度或逸度对电池电动势的影响。

1.6 极化与电子转移步骤基本动力学

1.6.1 电极的极化

当电极上无电流通过时，电极处于平衡状态，与之相对应的是平衡（可逆）电极电势。随着电极上电流密度的增加，电极的不可逆程度越来越高，电极电势对平衡电极电势的偏离越来越远。电流通过电极时，电极电势偏离平衡电极电势的现象称为电极的极化。某一电流密度下的电极电势与其平衡电极电势之差的绝对值称为超电势，以 η 表示。显然，η 的数值表示极化程度大小。

根据极化产生的原因，可简单地将极化分为两类，即浓度极化和电化学极化，并将与之相应的超电势称为浓度超电势和活化超电势。

（1）浓度极化。以 Zn^{2+}的阴极还原过程为例对其说明。

当电流通过电极时，由于阴极表明附近液层中的 Zn^{2+}被还原沉积到阴极上，因而降低了它在阴极附近的浓度。如果本体溶液的 Zn^{2+}来不及补充，则阴极附近液层中的 Zn^{2+}的浓度将低于它在本体溶液中的浓度，就好像是将此电极浸入一个浓度较小的溶液中一样，通常所说的平衡电极电势都是指相应本体溶液的浓度而言，显然，此电极将低于其平衡值。这种现象称为浓差极化。用搅拌的方法可使浓差极化减小，但由于电极表面扩散层的存在，故不可能将其完全除去。

（2）电化学极化。仍以 Zn^{2+}的阴极还原过程为例。

当电流通过电极时，由于电极反应的速率是有限的，因而当外电源将电子供给电极以后，Zn^{2+}来不及立即被还原而及时消耗掉外界输送来的电子，结果使电极表面上积累了多于平衡状态的电子，电极表面上自由电子数量的增多就相当于电极电势向负方向移动。这种由于电化学反应本身的迟缓性而引起的极化称为电化学极化。

综上所述，阴极极化的结果，使电极电势变得更负；同理可得阳极极化的结果，使电极电势变得更正。实验证明电极电势与电流密度有关。描述电流密度与电极电势间关系的曲线称为极化曲线。

1.6.2 测定极化曲线方法

电极的极化曲线可用图 1-20 所示的仪器装置测定。A 是一个电解池，内盛电解质溶

液、两个电极（阴极是待测电极）和搅拌器。电极-溶液界面面积已知。将两电极通过开关K、安培计G和可变电阻R与外电池E相连。调节可变电阻可改变通过待测电极的电流，其数值可由安培计读出。将浸入溶液的电极面积除以电流，就得到电流密度。为了测量待测电极在不同电流密度下的电极电势，需在电解池中加入一个参比电极（通常用甘汞电极），将待测电极和参比电极连上电位计，由电位计测出不同电流密度下的电动势，由于参比电极的电极电势是已知的，故可得到不同电流密度下待测电极的电极电势。以电极电势$E_{阴}$为纵坐标，电流密度J为横坐标，将测量结果绘制成图，即得阴极极化曲线，如图1-21所示。

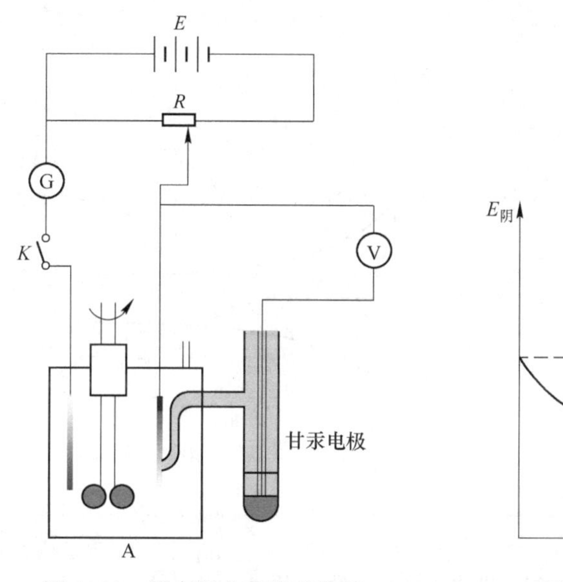

图1-20　测定极化曲线的装置

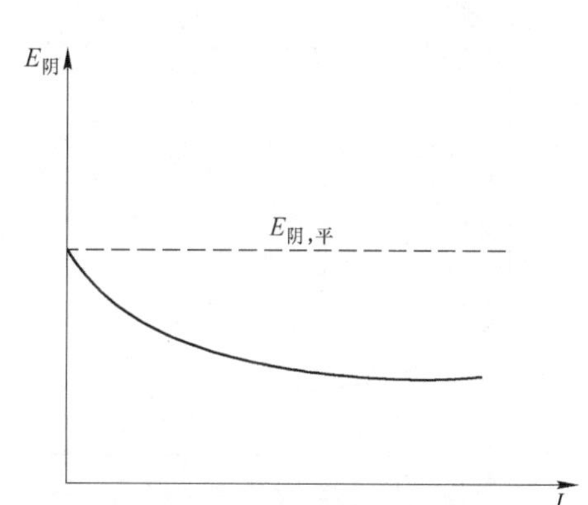

图1-21　阴极极化曲线示意图

由计算得到的阴极平衡电极电势$E_{阴,平}$，减去由实验测得的不同电流密度下的阴极电极电势$E_{阴}$，就可得到不同电流密度下的阴极超电势。这一关系可表示为：

$$\eta_{阴} = E_{阴,平} - E_{阴} \tag{1-40a}$$

对于阳极，由测得不同电流密度下的阳极电极电势$E_{阳}$，减去计算得到的阳极平衡电极电势$E_{阳,平}$，就可得到不同电流密度下的阳极超电势。其关系为：

$$\eta_{阳} = E_{阳,平} - E_{阳} \tag{1-40b}$$

这样算出的阴极和阳极的超电势均为正值。

影响超电势的因素很多，如电极材料、电极表面状态、电流密度、温度、电解质性质和浓度，以及溶液中的杂质等。故超电势的测定常不能得到完全一致的结果。

1905年塔费尔（Tafel）曾提出一个经验式，表示氢超电势η与电流密度J的关系，称为塔费尔公式：

$$\eta = a + b\lg J \tag{1-41}$$

式中，a和b为经验常数。

1.6.3　电解池与原电池极化的差别

如前所述，就单个电极来说，阴极极化的结果使电极电势变得更负，阳极极化的结果使电极电势变得更正。

当两个电极组成电解池时，由于电解池的阳极是正极，阴极是负极，阳极电势的数值大于阴极电势的数值，所以在电极电势对电流密度的图中，阳极极化曲线位于阴极极化曲线的上方，如图 1-22（a）所示。随着电流密度的增加，电解池端电压增大，也就是说在电解时电流密度若增加，则消耗的能量也增多。

在原电池中恰恰相反。原电池的阳极是负极，阴极是正极，阳极电势的数值比阴极的小，因而在电极电势对电流密度的图中，阳极极化曲线位于阴极极化曲线的下方，如图 1-22（b）所示。所以原电池的端点的电势差随着电流密度的增大而减小，即随着电池放电电流密度的增大，原电池做的功减小。

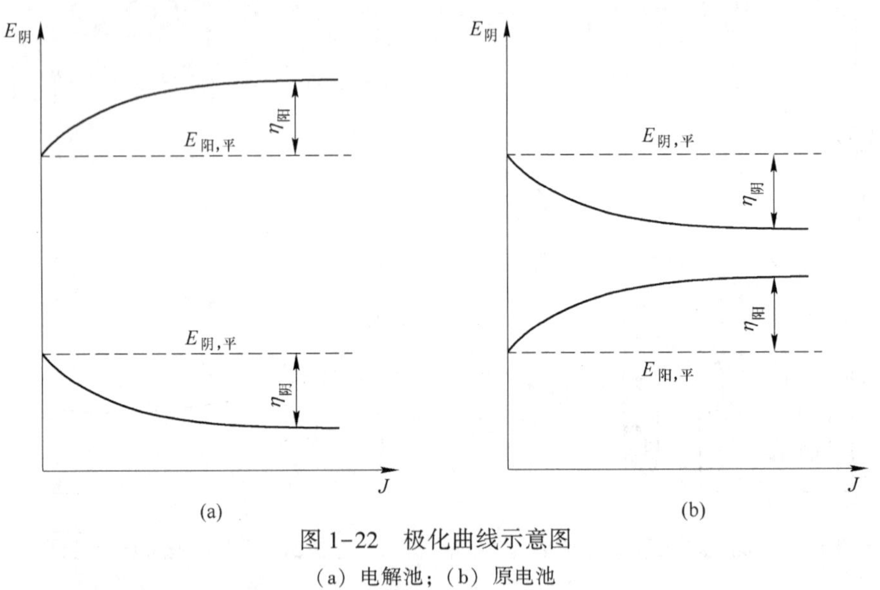

图 1-22 极化曲线示意图

（a）电解池；（b）原电池

1.6.4 电极电位对电子转移步骤反应速度的影响

根据化学动力学，反应速度与反应活化能之间的关系为：

$$v = kc\exp\left(-\frac{\Delta G}{RT}\right) \tag{1-42}$$

式中，v 为反应速度；c 为反应粒子浓度；ΔG 为反应活化能；k 为指前因子。

设电极反应为：

$$\mathrm{O}+e = \mathrm{R}$$

根据式 $j = nFv = nF\dfrac{1}{S}\dfrac{\mathrm{d}c}{\mathrm{d}t}$，可以得到用电流密度表示的还原反应和氧化反应的速度，即

$$\vec{j} = F\vec{k}c_{\mathrm{O}^*}\exp\left(-\frac{\Delta\vec{G}}{RT}\right) \tag{1-43}$$

$$\overleftarrow{j} = F\overleftarrow{k}c_{\mathrm{R}^*}\exp\left(-\frac{\Delta\overleftarrow{G}}{RT}\right) \tag{1-44}$$

式中，$\vec{j}$ 表示还原反应速度；$\overleftarrow{j}$ 表示氧化反应速度；均取绝对值；$\vec{k}$、$\overleftarrow{k}$ 为指前因子；c_{O^*}、c_{R^*}

分别为 O 粒子和 R 粒子在电极表面（OHIP 平面）的浓度。

由于在研究电子转移步骤动力学时，该步骤通常是作为电极过程的控制步骤，所以可认为液相传质步骤处于准平衡态，电极表面附近的液层与溶液主体之间不存在反应粒子的浓度差。再加上已经假设双电层中不存在分散层，因而反应粒子在 OHP 平面的浓度就等于该粒子的体浓度，即有 $c_{O^*} \approx c_O$，$c_{R^*} \approx c_R$。将这些关系代入式（1−43）和式（1−44）中，得到

$$\vec{j} = F\vec{k}c_O\exp\left(-\frac{\Delta\vec{G}}{RT}\right) \tag{1-45}$$

$$\overleftarrow{j} = F\overleftarrow{k}c_O\exp\left(-\frac{\Delta\overleftarrow{G}}{RT}\right) \tag{1-46}$$

将活化能与电极电位的关系式 $\Delta\vec{G}=\Delta\vec{G}^0+\alpha nF\varphi$ 与 $\Delta\overleftarrow{G}=\Delta\overleftarrow{G}^0-\beta nF\varphi$ 代入式（1−45）和式（1−46）中，得

$$\begin{aligned}\vec{j} &= F\vec{k}c_O\exp\left(-\frac{\Delta\vec{G^0}+\alpha F\varphi}{RT}\right)\\ &= F\vec{K}c_O\exp\left(-\frac{\alpha F\varphi}{RT}\right)\end{aligned} \tag{1-47}$$

$$\begin{aligned}\overleftarrow{j} &= F\overleftarrow{k}c_O\exp\left(-\frac{\Delta\vec{G^0}-\beta F\varphi}{RT}\right)\\ &= F\overleftarrow{K}c_R\exp\left(-\frac{\beta F\varphi}{RT}\right)\end{aligned} \tag{1-48}$$

式中，$\vec{K}$、$\overleftarrow{K}$ 分别为电位坐标零点处（即 $\varphi=0$）得反应速度常数。即

$$\vec{K} = \vec{k}\exp\left(-\frac{\Delta\vec{G}^0}{RT}\right) \tag{1-49}$$

$$\overleftarrow{K} = \overleftarrow{k}\exp\left(-\frac{\Delta\overleftarrow{G}^0}{RT}\right) \tag{1-50}$$

如果将

$$\vec{j}^0 = F\vec{K}c_O \tag{1-51}$$

$$\overleftarrow{j}^0 = F\overleftarrow{K}c_R \tag{1-52}$$

代入式（1−47）和式（1−48），得

$$\vec{j} = \vec{j}^0\exp\left(-\frac{\alpha F\varphi}{RT}\right) \tag{1-53}$$

$$\overleftarrow{j} = \overleftarrow{j}^0F\overleftarrow{K}c_R\exp\left(\frac{\beta F\varphi}{RT}\right) \tag{1-54}$$

对式（1−53）和式（1−54）取对数，经整理后得到：

$$\varphi = \frac{2.3RT}{\alpha F}\lg\vec{j}^0 - \frac{2.3RT}{\alpha F}\lg\vec{j} \tag{1-55}$$

$$\varphi = -\frac{2.3RT}{\beta F}\lg \overleftarrow{j}^{0} + \frac{2.3RT}{\alpha F}\lg \overleftarrow{j} \tag{1-56}$$

以上两组公式，即式（1-53）~式（1-56）就是电子转移步骤的基本动力学公式。这些关系式表明，在同一个电极上发生的还原反应和氧化反应的绝对速度（$\vec{j}$ 或 $\overleftarrow{j}$）与电极电位成指数关系，或者说电极电位 φ 与 $\lg\vec{j}$ 或 $\lg\overleftarrow{j}$ 成直线关系，如图 1-23 所示。电极电位越正，氧化反应速度（$\overleftarrow{j}$）越大；电极电位越负，还原反应速度（$\vec{j}$）越大。所以，在电极材料、溶液组成、温度等其他因素不变的条件下，可以通过改变电极电位来改变电化学步骤进行的方向和反应速度的大小。

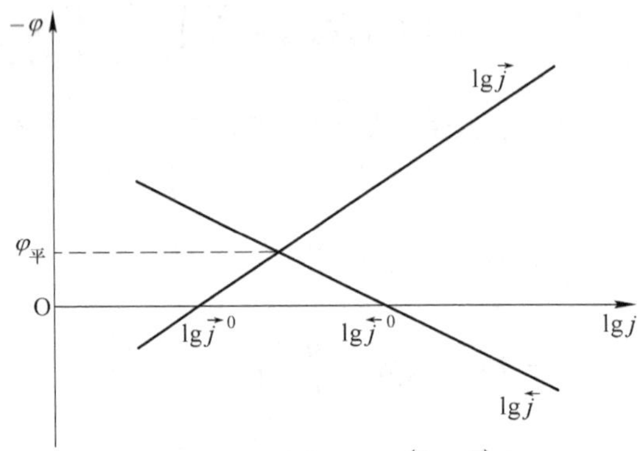

图 1-23　电极电位对电极反应绝对速度 $\overleftarrow{j}$ 和 $\vec{j}$ 的影响（$n=1$ 或 2）

例如，25℃时把银电极浸入 0.1mol/L $AgNO_3$ 溶液中，当电极电位为 0.74V 时，银氧化溶解的绝对速度为 10mA/cm²，即

$$\overleftarrow{j_1} = F\overleftarrow{K}c_{Ag}\exp\left(\frac{\beta F\varphi}{RT}\right) = 10\text{mA/cm}^2$$

若使电极电位向正移动 0.24V，则银的氧化溶解速度为：

$$\begin{aligned}\overleftarrow{j_2} &= F\overleftarrow{K}c_{Ag}\exp\left[\frac{\beta F(\varphi + 0.24)}{RT}\right] \\ &= F\overleftarrow{K}c_{Ag}\exp\left(\frac{\beta F\varphi}{RT}\right)\exp\left(\frac{\beta F \times 0.24}{RT}\right) \\ &= \overleftarrow{j_1}\exp\left(\frac{0.24\beta F}{RT}\right)\end{aligned}$$

将有关常数代入，即 $F=96500$C/mol，$R=8.314$J/(K·mol)，$T=298$K。设 $\beta=0.5$，于是得到 $\overleftarrow{j_2}=1000$mA/cm²。由此可见，电极电位仅仅变正 0.24V，银的溶解速度就增加了 100 倍。充分体现了电极电位对电化学反应速度影响之大。

最后，需要强调一下：反应速度 $\vec{j}$、$\overleftarrow{j}$ 系指同一电极上发生的方向相反的还原反应和氧化反应的绝对速度（即微观反应速度），而不是该电极上电子转移步骤的净反应速度，即不是稳态时电极上流过的净电流或外电流。更不可以把 $\vec{j}$ 和 $\overleftarrow{j}$ 误认为是电化学体系中阴极上流过的外电流（阴极电流）和阳极上流过的外电流（阳极电流）。在任何电极电位下，同一电极上总是存在着 $\vec{j}$ 和 $\overleftarrow{j}$ 的。而外电流（或净电流）恰恰是这两者的差值。当 $\overleftarrow{j}$

和 $\overrightarrow{j}$ 的数值差别较大时，就在宏观上表现出明显的外电流。

1.6.5 电子转移步骤的基本动力学参数

描述电子转移步骤动力学特征的物理量称为动力学参数。通常认为传递系数、交换电流密度和电极反应速度常数为基本的动力学参数。其中传递系数 α 和 β 表示电极电位对还原反应活化能和氧化反应活化能影响的程度，其数值大小取决于电极反应的性质。对单电子反应而言，$\alpha+\beta=1$，且常常有 $\alpha\approx\beta\approx0.5$，故又称为对称系数。

本节主要介绍其他两个基本动力学参数。

1.6.5.1 交换电流密度

设电极反应为：

$$\mathrm{O}+e \xrightleftharpoons{\text{可逆反应}} \mathrm{R}$$

当电极电位等于平衡电位时，电极上没有净反应发生，即没有宏观的物质变化和外电流通过，但在微观上仍有物质交换。这一点已为示踪原子试验所证实。这表明，电极上的氧化反应和还原反应处于动态平衡。即

$$\overrightarrow{j}=\overleftarrow{j}$$

根据式（1-47）和式（1-48）可知，在平衡电位下有：

$$\overrightarrow{j}=F\overrightarrow{K}c_{\mathrm{O}}\exp\left(-\frac{\alpha F\varphi_{平}}{RT}\right) \tag{1-57}$$

$$\overleftarrow{j}=F\overleftarrow{K}c_{\mathrm{R}}\exp\left(\frac{\beta F\varphi_{平}}{RT}\right) \tag{1-58}$$

因为平衡电位下的还原反应速度与氧化反应速度相等，所以可以用一个统一的符号来表示这两个反应速度，因而有：

$$j^0=F\overrightarrow{K}c_{\mathrm{O}}\exp\left(-\frac{\alpha F\varphi_{平}}{RT}\right)=F\overleftarrow{K}c_{\mathrm{R}}\exp\left(\frac{\beta F\varphi_{平}}{RT}\right) \tag{1-59}$$

式中，j^0就叫作该电极反应的交换电流密度，或简称交换电流。它表示平衡电位下氧化反应和还原反应的绝对速度。也可以说，j^0就是平衡状态下，氧化态粒子和还原态粒子在电极/溶液界面的交换速度。所以，交换电流密度本身就表征了电极反应在平衡状态下的动力学特性。

那么，交换电流密度的大小与哪些因素有关呢？从式（1-59）可看出它与下列因素有关：

（1）j^0与 $\overrightarrow{K}$ 或 $\overleftarrow{K}$ 有关。已知 $\overrightarrow{K}$、$\overleftarrow{K}$ 表示反应速度常数，其数值为：

$$\overrightarrow{K}=\overrightarrow{k}\exp\left(-\frac{\Delta\overrightarrow{G}^0}{RT}\right)$$

$$\overleftarrow{K}=\overleftarrow{k}\exp\left(-\frac{\Delta\overleftarrow{G}^0}{RT}\right)$$

式中，反应活化能 $\Delta\overrightarrow{G}^0$ 和 $\Delta\overleftarrow{G}^0$ 以及指前因子 $\overrightarrow{k}$ 和 $\overleftarrow{k}$ 都是取块于电板反应本性的。这表明，除了受温度影响外，交换电流密度的大小与电极反应性质密切相关。不同的电极反应，其

交换电流密度值可以有很大的差别。表 1-3 中列出了某些电极反应在室温下的交换电流密度。从表 1-3 中可看出电极反应本性对交换电流数值的影响之大。例如，汞在 0.5mol/L H_2SO_4 溶液中电极反应的交换电流为 5×10^{-13} A/cm^2，而汞在 1×10^{-3} mol/L $Hg_2(NO_3)_2$ 和 2.0mol/L $HClO_4$ 混合溶液中的交换电流则为 5×10^{-1} A/cm^2。尽管电极材料一样，但因电极反应不同，其交换电流值竟可相差 12 个数量级之多！

表 1-3　某些电极反应在室温下的交换电流密度

电极材料	溶液组成	电极反应	交换电流密度 ρ/A · cm^{-2}
Hg	0.5mol/L H_2SO_4	$H^+ + e \rightleftharpoons 1/2H_2$	5×10^{-13}
Ni	1.0mol/L $NiSO_4$	$1/2Ni^{2+} + e \rightleftharpoons 1/2Ni$	2×10^{-9}
Fe	1.0mol/L $FeSO_4$	$1/2Fe^{2+} + e \rightleftharpoons 1/2Fe$	10^{-8}
Cu	1.0mol/L $CuSO_4$	$1/2Cu^{2+} + e \rightleftharpoons 1/2Cu$	2×10^{-5}
Zn	1.0mol/L $ZnSO_4$	$1/2Zn^{2+} + e \rightleftharpoons 1/2Zn$	2×10^{-5}
Hg	1×10^{-3} mol/L $Zn(NO_3)_2$ + 1.0mol/L KNO_3	$1/2Zn^{2+} + e \rightleftharpoons 1/2Zn$	7×10^{-4}
Pt	0.1mol/L H_2SO_4	$H^+ + e \rightleftharpoons 1/2H_2$	10×10^{-4}
Hg	1×10^{-3} mol/L $N(CH_3)_4OH$ + 1.0mol/L NaOH	$Na^+ + e \rightleftharpoons Na$	4×10^{-2}
Hg	1×10^{-3} mol/L $Pb(NO_3)_2$ + 1.0mol/L KNO_3	$1/2Pb^{2+} + e \rightleftharpoons 1/2Pb$	1×10^{-1}
Hg	1×10^{-3} mol/L $Hg_2(NO_3)_2$ + 2.0mol/L $HClO_4$	$1/2Hg_2^{2+} + e \rightleftharpoons Hg$	5×10^{-1}

（2）j^0 与电极材料有关。同一种电化学反应在不同的电极材料上进行，交换电流也可能相差很多。前面已提到，电极反应是一种异相催化反应，电极材料表面起着催化剂表面的作用，所以，电极材料不同，对同一电极反应的催化能力也不同。例如表 1-3 中，电极反应 $H^+ + e \xrightleftharpoons{\text{可逆反应}} \frac{1}{2}H_2$ 在汞电极上和铂电极上进行时，交换电流密度相差了 9 个数量级。Zn^{2+} 在锌上和在汞上发生氧化还原反应时，交换电流密度也相差了几倍。

（3）j^0 与反应物质的浓度有关。例如对电极反应 $Zn^{2+} + 2e \xrightleftharpoons{\text{可逆反应}} Zn(Hg)$，表 1-4 列出了 Zn^{2+} 浓度不同时该反应的交换电流密度数值。交换电流密度与反应物质浓度的关系也可从式（1-59）直接看出，并可应用该式进行定量计算。

表 1-4　室温下，交换电流密度与反应物浓度的关系

电极反应	$ZnSO_4$ 浓度/mol · L^{-1}	j^0/A · m^{-2}
$Zn^{2+} + 2e \rightleftharpoons Zn(Hg)$	1.0	80.0
	0.1	27.6
	0.05	14.0
	0.025	7.0

1.6.5.2　交换电流密度与电极反应的动力学特性

一个电极反应可能处于两种不同的状态：平衡状态与非平衡状态。这是因为电极/溶液界面上始终存在的氧化反应和还原反应这一对矛盾。一般情况下，氧化反应与还原反应速度不等，二者中有一个占主导地位，从而出现净电流，电极反应即处于不平衡状态。但在某个特定条件下，当氧化反应与还原反应速度相等时，电极反应就处于平衡状态。对处于平衡态的电极反应来说，它既具有一定的热力学性质，又有一定的动力学转性。这两种性质分别过平衡电位和交换电流密度来描述，二者之间并无必然的联系。有时两个热力学性质相近的电极反应，其动力学性质往往有很大的差别。例如，铁在硫酸亚铁溶液中的标准电位为-0.44V，镉在硫酸镉溶液中的标准电位为-0.402V，两者很接近，但它们的交换电流密度却相差数千倍，又如，同样的氢离子的氧化还原反应（$H^++e \xrightleftharpoons{\text{可逆反应}} 1/2H_2$）在不同的金属电极上进行时，当氢离子浓度与氢气分压相同时，其平衡电位是相同的，但交换电流密度却可能相差很多，乃至数亿倍以上，见表1-5。表中$\Delta G_{\text{平}}$为平衡电位时的反应活化能，可以看到交换电流密度与反应活化能之间的密切关系。

表1-5　室温下，不同金属上氢电极的交换电流密度（0.1mol/L H_2SO_4 溶液中）

电极材料	Hg	Ga	光滑 Pt
j^0/A·cm^{-2}	6×10^{-12}	1.6×10^{-7}	3×10^{-3}
$\Delta G_{\text{平}}$/kJ·mol^{-1}	75.3	63.6	41.8

但是另一方面，由于电极反应的平衡状态不是静止状态，而是来自氧化反应与还原反应的动态平衡，因此可以根据 $\vec{j}=\overleftarrow{j}=j^0$ 的关系，从动力学角度推导出体现热力学特性的平衡电位公式（能斯特方程）。例如，对于电极反应 $O+e \xrightleftharpoons{\text{可逆反应}} R$，可根据式（1-59）得到：

$$F\vec{K}c_O\exp\left(-\frac{\alpha F\varphi_{\text{平}}}{RT}\right)=F\overleftarrow{K}c_R\exp\left(\frac{\beta F\varphi_{\text{平}}}{RT}\right) \tag{1-60}$$

对式（1-60）取对数，整理后得到：

$$\frac{(\alpha+\beta)F}{RT}\varphi_{\text{平}}=\ln\vec{K}-\ln\overleftarrow{K}+\ln c_O-\ln c_R$$

因为对单电子反应，$\alpha+\beta=1$，所以

$$\varphi_{\text{平}}=\frac{RT}{F}\ln\frac{\vec{K}}{\overleftarrow{K}}+\frac{RT}{F}\ln\frac{c_O}{c_R}$$

令

$$\varphi^{0'}=\frac{RT}{F}\ln\frac{\vec{K}}{\overleftarrow{K}} \tag{1-61}$$

则

$$\varphi_{\text{平}}=\varphi^{0'}+\frac{RT}{F}\ln\frac{c_O}{c_R} \tag{1-62}$$

式（1-62）就是用动力学方法推导出的能斯特方程。它与热力方法推导结果的区别仅仅在于用浓度c代替了活度。这是因为在前面推导电子转移步骤基本动力学公式时没有采用活度。实际上$\varphi^{0'}$中包含了活度系数因素，即

$$\varphi^{0'} = \varphi^0 + \frac{RT}{F}\ln\frac{\gamma_O}{\gamma_R} \tag{1-63}$$

如果用活度取代浓度，则推导的结果将与热力学推导的能斯特方程有完全一致的形式。

当电极反应处于非平衡状态时，主要表现出动力学性质，而交换电流密度正是描述其动力学特性的基本参数。根据交换电流密度的定义（见式（1-59）），可以用交换电流密度来表示电极反应的绝对反应速度，即

$$\begin{aligned}\vec{j} &= F\vec{K}c_O\exp\left[-\frac{\alpha F}{RT}(\varphi_{平} + \Delta\varphi)\right] \\ &= j^0\exp\left[-\frac{\alpha F}{RT}\Delta\varphi\right]\end{aligned} \tag{1-64}$$

$$\begin{aligned}\overleftarrow{j} &= F\overleftarrow{K}c_R\exp\left[\frac{\beta F}{RT}(\varphi_{平} + \Delta\varphi)\right] \\ &= j^0\exp\left[\frac{\beta F}{RT}\Delta\varphi\right]\end{aligned} \tag{1-65}$$

式中，$\Delta\varphi$ 为有电流通过时电极的极化值。在已知 j^0、α 或 β 的条件下，就可以应用式（1-64）和式（1-65）计算某个电极反应的氧化反应绝对速度 $\overleftarrow{j}$ 和还原反应绝对速度 $\vec{j}$。从式（1-64）和式（1-65）中可以看出，由于单电子电极反应中往往有 $\alpha \approx \beta \approx 0.5$，因而电极反应的绝对反应速度的大小主要取决于交换电流 j^0 和极化值 $\Delta\varphi$。

根据 $\vec{j}$、$\overleftarrow{j}$ 的数值可以求电极反应的净反应速度 $j_{净}$，即

$$j_{净} = \vec{j} - \overleftarrow{j} \tag{1-66}$$

将式（1-64）和式（1-65）代入式（1-66），得：

$$j_{净} = j^0\left[\exp\left(-\frac{\alpha F}{RT}\Delta\varphi\right) - \exp\left(\frac{\beta F}{RT}\Delta\varphi\right)\right] \tag{1-67}$$

如果近似认为 $\alpha \approx \beta \approx 0.5$，那么从式（1-67）可知，对于不同的电极反应，当极化值 $\Delta\varphi$ 相等时，式（1-67）中指数项之差接近于常数，因而净反应速度的大小取决于各电极反应的交换电流密度。交换电流密度越大，净反应速度也越大，这意味着电极反应越容易进行。换句话说，不同的电极反应若要以同一个净反应速度进行，那么交换电流密度越大者，所需要的极化值（绝对值）越小。这表明，当净电流通过电极，电极电位倾向于偏离平衡态时，交换电流密度越大，电极反应越容易进行，其去极化的作用也越强，因而电极电位偏离平衡态的程度，即电极极化的程度就越小。电极反应这种力图恢复平衡状态的能力，或者说去极化作用的能力，可称为电极反应的可逆性。交换电流密度大、反应易于进行的电极反应，其可逆性也大，即电极体系不容易极化；反之，交换电流密度小的电极反应则表现出较小的可逆性，电极容易极化。

所以，交换电流密度的大小有助于判断电极反应的可逆性或是否容易极化。例如，表 1-6 为根据交换电流密度值对某些金属电极体系可逆性所进行的分类。表 1-7 是交换电流密度与电极体系动力学性质之间的一般性规律。其中，就可逆性来说，有两种极端的情形，即理想极化电极几乎不发生电极反应，交换电流密度的数值趋近于零，所以可逆性最小；理

想不极化电极的交换电流密度数值趋近于无穷大，故几乎不发生极化，可逆性最大。

表 1-6 第一类电极（M | M^{n+}）可逆性的分类

序号	金属	j^0/A · cm^{-2}	η/mV(j=1A/cm^2)	电极反应可逆性
1	Fe，Co，Ni	$10^{-8}\sim10^{-9}$	$n\times10^2$	小
2	Zn，Cu，Bi，Cr	$10^{-4}\sim10^{-7}$	$n\times10$	中
3	Pb，Cd，Ag，Sn	$10\sim10^{-3}$	<10	大

注：M^{n+}的浓度均为 1mol/L。

需要指出，电极反应的可逆性是指电极反应是否容易进行及电极是否容易极化而言的，它与热力学中的可逆电极和可逆电池的概念是两回事，不可混为一谈。

表 1-7 交换电流密度值与电极体系动力学性质之间的关系

动力学性质	j^0的数值			
	$j^0\longrightarrow0$	j^0小	j^0大	$j^0\longrightarrow\infty$
极化性能	理想极化	易极化	难极化	理想不极化
电极反应的可逆性	完全不可逆	可逆性小	可逆性大	完全可逆
j-η 关系	电极电位可任意改变	一般为半对数关系	一般为直线关系	电极电位不改变

1.6.5.3 电极反应速度常数 K

交换电流密度j^0虽然是最重要的基本动力学参数，但如上所述，它的大小与反应物质的浓度有关。改变电极体系中某一反应物质的浓度时，平衡电位和交换电流密度的数值都会改变。所以，应用交换电流密度描述电极体系的动力学性质时，必须注明各反应的浓度，这是很不方便的。为此，人们引出了另一个与反应物浓度无关，更便于对不同电极体系的性质进行比较的基本动力学参数——电极反应速率常数 K。

设电极反应仍为：

$$\mathrm{O}+e \rightleftharpoons \mathrm{R}$$

当电极体系处于平衡电极电位 $\varphi^{0'}$时，由式（1-63）可知：$c_O=c_R$。由于平衡电位下均有 $\vec{j}=\overleftarrow{j}$ 的关系，因而根据式（1-59）可得到：

$$F\vec{K}c_O\exp\left(-\frac{\alpha F}{RT}\varphi^{0'}\right)=F\overleftarrow{K}c_R\exp\left(\frac{\beta F}{RT}\varphi^{0'}\right) \tag{1-68}$$

已知 $c_O=c_R$，故可令

$$K=\vec{K}\exp\left(-\frac{\alpha F}{RT}\varphi^{0'}\right)=\overleftarrow{K}\exp\left(\frac{\beta F}{RT}\varphi^{0'}\right) \tag{1-69}$$

式中的 K 即称为电极反应速度常数。

如果把 $\varphi^{0'}$近似看作 φ^0，则 K 可定义为电极电位为标准电极电位，反粒子浓度为单位浓度时电极反应的绝对速度，单位为 cm/s 或者 m/s。

可见，电极反应速率常数是交换电流密度的一个特例，如同标准电极电位是平衡电位的一种特例一样，因而，交换电流密度是浓度的函数。而电极反应速率常数是指定条件下的交换电流密度，它本身已排除了浓度变换的影响，这样，电极反应速度常数既具有交换电流密度性质，又与反应物质浓度无关，可以代替交换电流密度描述电极体系的动力学性质，而无须注明反应物质的浓度。

用电极反应速度常数描述动力学性质时，前面推导出的电子转移步骤基本动力学公式可相应地改写成如下形式。即

$$\begin{aligned}\vec{j} &= F\vec{K}c_O\exp\left(-\frac{\alpha F}{RT}\varphi\right)\\ &= F\vec{K}c_O\exp\left(-\frac{\alpha F}{RT}\varphi^{0'}\right)\exp\left[-\frac{\alpha F}{RT}(\varphi-\varphi^{0'})\right]\\ &= FKc_O\exp\left[-\frac{\alpha F}{RT}(\varphi-\varphi^{0'})\right]\end{aligned} \tag{1-70}$$

$$\overleftarrow{j} = F\overleftarrow{K}c_R\exp\left(\frac{\beta F}{RT}\varphi\right) = FKc_R\exp\left[\frac{\beta F}{RT}(\varphi-\varphi^{0'})\right] \tag{1-71}$$

尽管用电极反应速度常数 K 表示电极反应动力学性质时具有与反应物质浓度无关的优越性，但由于交换电流密度 j^0 可以通过极化曲线直接测定，因而 j^0 仍是电化学中应用最广泛的动力学参数。

电极反应速度常数与交换电流密度之间的关系可从下面推导中得到。

根据式（1-70），在平衡电位时应有：

$$j^0 = \vec{j}FKc_O\exp\left[-\frac{\alpha F}{RT}(\varphi-\varphi^{0'})\right] \tag{1-72}$$

已知

$$\varphi_{平} = \varphi^{0'} + \frac{RT}{F}\ln\frac{c_O}{c_R}$$

将式（1-62）代入式（1-72）后，可得：

$$\begin{aligned}j^0 &= FKc_O\left(-\alpha\ln\frac{c_O}{c_R}\right)\\ &= FKc_O\left(\frac{c_O}{c_P}\right)^{-\alpha}\end{aligned} \tag{1-73}$$

由于 $\alpha+\beta=1$，所以：

$$j^0 = FKc_O^{\beta}c_R^{\alpha} \tag{1-74}$$

2 电化学测量实验基础

电极电位和通过电极的电流是表征复杂微观电极过程的宏观物理量。复杂电极过程包含的许多步骤随着条件的变化或增强，或减弱，或成为整个电极过程的控制步骤，或降为不影响总过程的次要步骤，它们的变化都会引起电极电位、流经电极电流或二者同时发生变化。在经典电化学的测量中，主要是通过测量带有电极过程各种微观信息的宏观物理量（电流和电位）来研究电极过程的各个步骤及反应机理。因此，正确测量电极电位和通过电极的电流是电化学测量实验的基础。

2.1 电极电位的测量

2.1.1 电极电位

电极和溶液界面双电层的电位称为绝对电极电位，它直接反映电极过程的热力学和动力学的特征，但绝对电极电位无法测量，这是因为人们无法单凭一只电极进行电极电位的测量，必须采用两只电极，通过测定电动势的方法测量电极电位。这样测得的电极电位称为相对电极电位，简称为电极电位。电极电位实质上是某一特定电池的两极的电位差，其定义如下。

若任一电极 M 与标准氢电极组成无液接界电位的电池，则 M 电极的电极电位即是此电池的电动势（见图 2-1）。其正负号与 M 电极在此电池中的导线的极性相同。例如对 Pt，H_2(101325Pa) | $H^+(a_H=1)$ ‖ $Cu^{2+}(a_{Cu}=1)$ | Cu，其电动势 E 即是铜的标准电极电位 $\varphi^{\ominus}Cu^{2+}/Cu$。

$$E=\varphi^{\ominus}_{Cu}{}^{2+}/Cu=+0.34V\ (25℃)$$

不同电极，若均在同一相对电极电位，它们的绝对电极电位往往各不相同，但是它们的电子的电化学势都是相同的。此外，同一电极，若因溶液浓度的变化或电流流过电极等因素而改变此电极的绝对电极电位，则绝对电极电位的变化值与相对电极电位的变化值相等，因此，采用相对电极电位的概念并不影响研究电极过程。

由于氢电极需要高纯的氢气，在使用上不方便，所以通常采用另一些较为方便的电极作为参比电极，如甘汞电板、银-氯化银电极等，这些电极电位都可以测量或计算得到。测量电极电位所用的作为参照对象的电极称为参比电极。测量电极电位时，把参比电极和被测电极组成电池，用高内阻电压表测量该电池的开路电压，此开路电压即为被测电极相对这一参比电极的电极电位，其正负号与被测电极在电池中的极性相同。因为参比电极的电位是已知的，所以通过电池的开路电压很容易计算出被测电极的电位。常用的参比电极有饱和甘汞电极（SCE）、标准氢电极（SHE）和金属锂电极（Li/Li^+）。

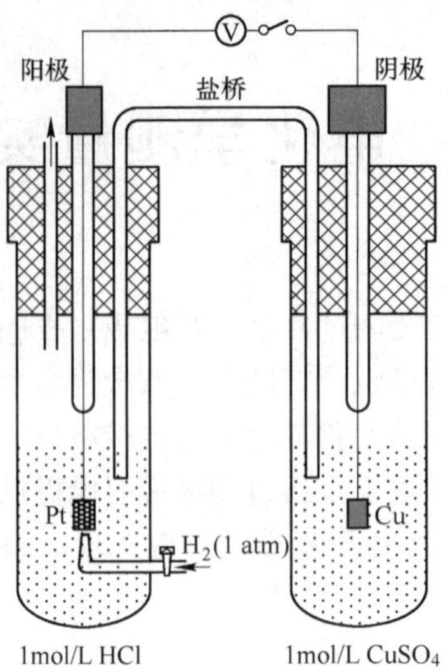

图 2-1 铜电极电位测量示意图
（1atm = 101.325kPa）

2.1.2 电极电位的测量原理

由 2.1.1 节可知，测量电极电位实质上是测量研究电极和氢标电极或某参比电极组成的原电池的电动势。

在电化学测量中，通常测量电极相对某参比电极的电位，即电池的电动势。该电池的电动势为：

$$E = |\varphi_{测} - \varphi_{参}| \tag{2-1}$$

实际上采用的电路是测量该原电池的端电压 V_{AB}。

$$V_{AB} = |\varphi_{测} - \varphi_{参}| - i_{测} R_{测} - |\Delta\varphi_{极}| \tag{2-2}$$

式中，$i_{测}$ 为测量回路流过的电流；$R_{测}$ 为测量回路的欧姆电阻，它是电子导体和溶液对电流的阻力；$\Delta\varphi_{极}$ 为由于电化学反应的迟缓和扩散过程的迟缓而造成的电极的极化。显然只有满足下列条件：

$$i_{测} R_{测} = 0, \ \Delta\varphi_{极} = 0$$

才会使得 $V_{AB} = E$。实质上 V_{AB} 绝对等于 E 是不可能的，但只要 $i_{测} R_{测}$ 和 $\Delta\varphi_{极}$ 膜足够小，以致 V_{AB} 与 E 差别小于某允许值，就可认为 $V_{AB} = E$。

式（2-2）中第 2 项和第 3 项的原因是通过的电流 $i_{测}$，有

$$i_{测} \approx E/(R_{AB} + R_{测}) \tag{2-3}$$

式中，R_{AB} 为测量电动势仪器的内阻。当 R_{AB} 远大于 $R_{测}$ 时，有：

$$i_{测} \approx E/R_{AB}$$

测量回路的电流取决于测量仪器的内阻 R_{AB}，R_{AB} 越大，$R_{测}$ 越小。

当测量体系的内阻很大时，则必须要求 $R_{AB}/R_{测} > 1000$，才可保证测量的误差小于 1mV。

离子选择性电极的内阻较大，如固体膜电阻约为 $10^4 \sim 10^6\Omega$，PVC 膜电阻约为

$10^5 \sim 10^8\Omega$，玻璃膜电阻约为 $10^4 \sim 10^6\Omega$，有的盐桥的电阻可达 $10^4\Omega$，这就是用玻璃电极测溶液的 pH 值必须用 pH 计，而不能用普通数字电压表的原因。表 2-1 所示为常用仪表的输入电阻。

表 2-1　常用仪器、仪表的输入电阻　(Ω)

万用表电压挡	普通数字电压表	电子管毫伏计	pH 离子计	示波器	X-Y 记录仪	调平衡的电位差计
$10^4 \sim 10^5$	$10^7 \sim 10^8$	$10^8 \sim 10^9$	$>10^{12}$	$\leqslant 10^6$	$10^4 \sim 10^5$	∞

对于控制研究电极电位的仪器，同样道理也要求控制电位仪器的输入电阻足够高，以保证电位的精度。

2.2　通电时电极电位的测量

2.2.1　三电极体系

为了测定单个电极的极化曲线，需要同时测定通过电极的电流和电位。为此常采用三电极体系（见图 2-2）。其中被测体系由研究电极（WE）、参比电极（RE）和辅助电极（CE）组成，因此称为三电极体系。

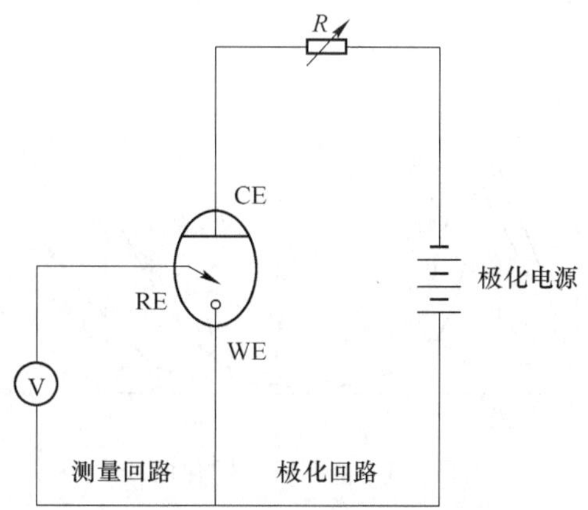

图 2-2　三电极两回路体系示意图

研究电极也称为工作电极或试验电极。该电极上发生的电极过程就是研究对象。参比电极是用来测量研究电极电位的。参比电极应具有已知的、稳定的电极电位，而且在测量过程中不会发生极化。辅助电极也叫对电极，它只用来通过电流，实现研究电极的极化。它的表面一般比研究电极大。因此常用镀铂黑的铂电极做辅助电极。极化电源为研究电极提供极化电流。

三电极体系构成两个回路：一个是极化回路；另一个是电位测量（或控制）回路。研究电极处于极化回路中，有极化电流通过，因此极化电流大小的控制和测量在此电路中进行。研究电极又处于测量回路中，因而可测量（或控制）研究电极相对于参比电板的电位，这一回路中几乎没有电流通过（电流$<10^{-7}$A）。可见，利用三电极体系即可使研究电极界面上有电流通过又不影响参比电极的稳定。因此，可同时测定通过研究电极的电流和

电位的值，从而得到单个电极的极化曲线。

2.2.2 极化时电极电位测量和主要误差来源

在三电极体系电路中同时属于极化回路和测量回路的公共部分除研究电极外，还有参比电极的鲁金（Luggin）毛细管管口至研究电极表面之间的溶液，这部分溶液的欧姆电阻用 R_u 表示。在测量回路中，由于 $i_{测}$ 很小（$i_{测} \leqslant 10^{-7}$A），故由测量回路的电流造成的压降 $i_{测}R_u$ 很小，完全可以忽略不计。在极化回路中，极化电流 i 将会在这一溶液电阻 R_u 上产生一个可观的电压降 iR_u，称为溶液欧姆压降（或 iR 降）。由于这一压降位于参比电板和研究电极之间，所以被附加在测量的电极电势上，成为测量或控制电极电势的主要误差来源。

$$iR_u = j\frac{l}{k} \tag{2-4}$$

式中，j 为极化电流密度，A/cm^2；l 为鲁金毛细管管口距电极表面的距离，cm；k 为溶液电导率，$\Omega^{-1}\cdot cm^{-1}$。

图 2-3 所示为金属的阳极钝化曲线，由于溶液欧姆压降的存在引起了极化曲线的歪曲（虚线），可以看出电流越大，偏差越大。所以在精确测量和控制电极电势的实验中，必须尽可能地减小溶液欧姆压降。

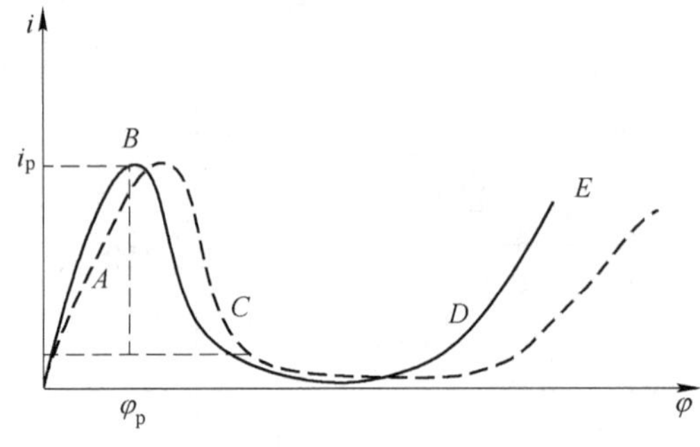

图 2-3 金属阳极钝化曲线

在电化学测量中，可以采取以下几种措施来消除或降低溶液欧姆压降 iR_u，从而提高电极电势测量和控制的精度：

（1）加入支持电解质，改善溶液的导电性。

（2）使用鲁金毛细管。

鲁金毛细管通常用玻璃管或塑料管制成，其一端拉得很细，测量电极电势时该端靠近电极表面，管的另一端与参比电极或与连接参比电极的盐桥相连。由式（2-4）可知，鲁金毛细管管口过于靠近研究电极表面时，毛细管对于研究电极表面的电力线有屏蔽作用，改变了电极上电流和电势的分布，因此毛细管接近电极表面一端必须非常细（如 0.01cm），以减小对电极的屏蔽，并且不能完全紧贴在电极表面。由于溶液电阻使得测得的电势极化比真实情况更大，屏蔽效应使得电极电势的极化更小，综合两方面的因素，管口离电极表面的距离为毛细管外径的2倍时效果最好。

此时，对于平板电极，由于对电力线的屏蔽作用，式（2-4）应修正为：

$$iR_u = j\frac{\delta}{k} \tag{2-5}$$

式中，δ为有效距离，$\delta=\frac{5}{3}d$。

溶液欧姆压降iR_u的校正除依赖于鲁金毛细管的外径外，还依赖于电极的形状。使用相同的鲁金毛细管，管口距电极表面相同距离时，球形电极的溶液欧姆压降iR_u最小，圆柱形电极的其次，平板电极的最大。

球形电极的溶液欧姆压降可由式（2-6）确定。

$$iR_u = j\frac{\delta}{k}\times\frac{r_0}{r_0+\delta} \tag{2-6}$$

式中，r_0为球形电极的半径。

球形电极的溶液电阻随着距离的减小而减小，随后趋于恒定，此时鲁金毛细管管口距电极表面的距离不再重要。所以，为了得到最佳的效果，最好使用小的球形电极，用细的鲁金毛细管接近电极表面。

在控制电势阶跃暂态测量时，鲁金毛细管管口过于接近研究电极表面会造成电流振荡。另外，过细的鲁金毛细管会增大参比电极的电阻，同时还导致毛细管内外溶液间的杂散电容，从而在暂态测量时降低电解池的响应速率，甚至引起振荡。故最佳设计的鲁金毛细管应在管口一端足够细并使用薄壁材料以避免对电极的屏蔽，而管体应加粗并使用粗壁材料。

（3）控制电流极化时，采用桥式补偿电路进行补偿。

（4）采用恒电势仪正反馈补偿法。

（5）采用断电流法消除溶液欧姆压降的影响。

如果研究电极本身导电性差、表面上存在高阻膜或者材料接触不良，极化时也会产生欧姆压降，对电极电势的测量和控制造成误差。对于这一类的欧姆压降，只能采用上述后三种方法，即以电子补偿的方法来加以校正。

2.3 辅助电极

正确选择辅助电极的大小与形状，正确放置辅助电极与研究电极之间的位置是避免电位分布不均匀的主要措施。辅助电极相对于研究电极的位置直接影响研究电极表面的电流分布的均匀性。当辅助电极位置不当时，由于电极表面电流分布极不均匀会造成电位分布的不均匀，进而造成测量电位的误差。对于平面状研究电极，辅助电极应放在对称的位置，如果研究电极两面都进行电化学反应，那么就在其两侧各放置一只辅助电极，以保证电流均匀分布。此外，还可以通过增大辅助电极和研究电极表面之间的距离来改善电流分布的均匀性。如果将辅助电极与研究电极间用磨口活塞式烧结玻璃隔开，则可取得较均匀的电流分布。

2.4 参比电极

2.4.1 参比电极的主要性能

参比电极广泛应用于电化学测量中，其作用是作为测量电极电位的“参比”对象，用它可以通过测得的电池电动势计算被测电极的电极电位。参比电极的性能直接影响电位测量或控制的稳定性、重现性和准确性。不同的场合参比电极的性能不尽相同，应根据具体测量对象，合理选择参比电极。在电化学测量中一般要求参比电极有如下的性能：

（1）理想的参比电极应是不极化电极。即电流流过时电极电位变化很微小。这就要求参比电极具有较大的交换电流密度。

（2）参比电极要有很好的恢复特性。当参比电极突然通过电流，断电后，其电极电位将很快恢复到原电位值，改变参比电极所处的温度，其电位会发生相应的变化；当温度恢复到原先值后，电极电位也应很快恢复到原电位值，均不发生滞后现象。

（3）参比电极要有良好的稳定性。温度系数要小，电位随时间的变化要小。

如果要准确测量电极电位，还要求参比电极是可逆的，它的电位是平衡电位，符合能斯特电极电位公式，并要求参比电极电位具有良好的重现性。参比电极制备后搁置一定时间，其电位应稳定不变；且各次制作的同样参比电极其电位也应相同。

在快速测量中要求参比电极具有低电阻，以减少干扰，提高系统的响应速度。另外，在具体选用参比电极时，应根据实验要求，并且考虑液接界电位，以及是否会发生溶液间的相互作用和污染问题，一般可以采用同种离子溶液的参比电极。如在氯化物溶液系统中采用甘汞电极，在硫酸溶液体系中采用汞-硫酸亚汞电极。在碱性溶液中采用汞-氯化汞电极等。

2.4.2 常用水溶液中的参比电极

2.4.2.1 甘汞电极，$Hg \mid Hg_2Cl_2 \mid Cl^-$

甘汞电极是最常用的参比电极，它的电极反应是：

$$Hg_2Cl_2(s) + 2e \rightleftharpoons 2Hg + 2Cl^-$$

$$\varphi = \varphi^{\ominus} - (RT/F)\ \ln\alpha Cl^-$$

甘汞电极由汞、甘汞、KCl 溶液等组成。通常甘汞电极内的溶液采用饱和 KCl 溶液，它的温度系数较大。有些甘汞电极采用 1mol/L 或 0.1 mol/L 的 KCl 溶液。它们的温度系数较小。Hg_2Cl_2 在高温时不稳定，所以甘汞电极一般适用于 70℃ 以下的温度。

2.4.2.2 汞-硫酸亚汞电极，$Hg \mid Hg_2SO_4 \mid SO_4^{2-}$

汞-硫酸亚汞电极由汞、硫酸亚汞和含 SO_4^{2-} 的溶液组成。其电极反应为：

$$Hg_2SO_4\ (s) + 2e \rightleftharpoons SO_4^{2-} + 2Hg$$

$$\varphi = \varphi^{\ominus} - (RT/2F)\ \ln\alpha SO_4^{2-}$$

在水溶液中易水解，且其溶解度较大，所以其稳定性较差，汞-硫酸亚汞常做硫酸体系中的参比电极。如用于铅酸蓄电池的研究、硫酸介质中的金属腐蚀研究。

2.4.2.3 汞-氧化汞电极，Hg | HgO | OH^-

汞-氧化汞电极是碱性溶液体系常用的参比电极，由汞-氧化汞和溶液组成，其反应式为：

$$HgO\ (s)+H_2O+2e \rightleftharpoons Hg+2OH^-$$

$$\varphi=\varphi^{\ominus}-\ (RT/F)\ \ln\alpha_{OH^-}$$

2.4.2.4 银-氯化银电极，Ag | AgCl | Cl^-

银-氯化银电极具有非常良好的电极电位重现性。它是一种常用的参比电极。其电极反应为：

$$AgCl\ (s)+e \rightleftharpoons Ag+Cl^-$$

$$\varphi=\varphi^{\ominus}-\ (RT/F)\ln\alpha_{Cl^-}$$

AgCl 在水中的溶解度约为 10^{-5}（25℃），是很小的。但是如果在 KCl 溶液中，由于 AgCl 和 Cl^-能生成络合离子，使 AgCl 的溶解度显著增加，其反应为：

$$AgCl\ (s)+Cl^- = AgCl_2^-$$

即在 1mol/L KCl 溶液中 AgCl 的溶解度为 14mg/L，在饱和 KCl 溶液中则高达 10g/L，因此为保持电极电位的稳定，所用 KCl 溶液需要预先用 AgCl 饱和。特别是在饱和 KCl 溶液中更应注意。此外，如果把饱和 KCl 溶液的 Ag/AgCl 电极插在稀溶液中，使液接界处 KCl 溶液样被稀释，这时一部分原先溶解的 $AgCl_2^-$ 将会分解而析出 AgCl 沉淀。这些 AgCl 沉淀容易堵塞参比电极管的多孔性封口。由于上述缺点，通常不采用饱和 KCl 溶液作为 Ag/AgCl 电极的电解液，而是采用 3.5mol/L KCl 溶液作为电解液。此外，为了防止因研究体系溶液对 Ag/AgCl 电极溶解稀释而造成 AgCl 沉淀析出现象，可以在电极和研究体系溶液间放一个盛有 KCl 溶液的盐桥。

Ag/AgCl 电极对溶液内的 Br^-十分敏感。溶液中存在 0.01mol/L Br^-时会引起电位变动 0.1~0.2mV。虽然受光照时，银-氯化银电极的电位并不立即发生变化，但因为光照能促使 AgCl 分解，因此，应避免此种电极直接受到阳光的照射，此外，在酸性溶液中的氧也会引起电位的变动，有时可达 0.2mV。

2.4.2.5 工业用的简易参比电极

A 铜-硫酸铜电极

在土壤或水中的金属防腐蚀工作中，常用 Cu/$CuSO_4$ 电极。它由铜棒插在饱和 $CuSO_4$ 溶液中组成，得不到准确的电极电位值，约为 0.30V，Cl^-对此电极的电极电位有较大的影响。

B 镉电极

在要求不高的情况下，可以用金属电极做参比电极。例如在电池研究方面。在碱性电池中可用 Cd | Cd $(OH)_2$ | OH^-电极，在铅蓄电池中可用 Cd | $CdSO_4$ | SO_4^{2-} 电极。

a Cd | Cd $(OH)_2$ | OH^-电极

碱性溶液中 Cd 电极的电极反应为：

$$Cd + 2OH^- = Cd\ (OH)_2$$

在 25℃时它的标准电极电位为-0.809V，在各种浓度的 KOH 溶液中，Cd 电极相对于同溶液氢电极的电极电位 $\varphi_{VS,R.H.E.}$ 值（见表 2-2）。

表 2-2 碱性溶液中镉电极的 $\varphi_{VS,R.H.E.}$ 值

碱液浓度（KOH）/%	温度/℃	$\varphi_{VS,R.H.E.}$/V
13.1	25	0.022
	35	0.020
	45	0.015
26	25	0.023
	35	0.020
	45	0.014
34.7	25	0.023
	35	0.016
	45	0.008

b 铅蓄电池中应用的镉电极

在测量铅蓄电池两电极的电位时，如果精确度要求不高，在工业上可采用镉电极作参比电极。镉电极可由一根细镉棒外包围孔性隔膜组成，也可以将镉棒插入一塑料管内，管上口塞死，下端拉成细管。电极管内注满稀 H_2SO_4 溶液，把细管插到蓄电池的极板之间，就可以用高内阻电压表测量正负电极的电极电位。

c 隔棒

新做成的镉棒必须在蓄电池中用稀 H_2SO_4 溶液浸数天，使其表面有些腐蚀，方能建立较稳定的电极电位。镉电极不使用时应浸在稀 H_2SO_4 溶液中。如果干了，用前还得浸泡数小时。镉电极的电极电位约比汞-硫酸亚汞负 1.2V 左右，其重演性约为 0.02V，精度差。但镉电极制作方便，故在蓄电池中常用它来检验充放电时正负电极的电性能否正常。

2.4.2.6 双参比电极

某些利用恒电位仪研究电化学过程的测试方法，如电位阶跃法，常常需要电极电位在很短的时间内发生变化，它要求响应时间很短。在精确的测量中，希望能测定几微秒中电极电位和电流的变化情况，当然，这首先要求恒电位仪本身有良好的响应时间，但是参比电极的电阻特性对测量的时间也有明显的影响。常用的参比电极具有良好的电极电位稳定性，但是有一些参比电极由于存在多孔烧结陶瓷或烧结玻璃封口，它们的电阻较大，它们与恒电位仪配合使用时，往往使测量的响应时间变慢，而且增加了 50Hz 市电的干扰，甚至引起振荡，严重影响实验的进行。

2.4.2.7 微参比电极

微参比电极主要用于测定电极表面微区的电位。微参比电极技术在医学和生物学上已广泛使用于研究生物体内四细胞电位、细胞组织 pH 值以及生物体内有关离子浓度的变化。近十几年，也已开始应用在研究金属局部腐蚀方面。

微参比电极可用 Pt、Sn、Sb、W 等制成，也可以采用玻璃毛细管作盐桥的非极化电极作成微参比电极，如甘汞、Ag/AgCl 电极等。这种微参比电极的主要性能很大程度取决于毛细管尖端部位的形状与尺寸。

某些极化测量中，为了避免液接界电位和溶液的污染，常用与研究电极完全相同的电极放在同一溶液中作为参比电极。因为，只测定极化值的大小，无须知道该参比电极的电位。Zn、Cd、Pd、Sn、Ag、Cu，甚至工业用金属材料，在不同场合都可做参比电极。

2.5 研究电极

2.5.1 固体电极

电化学测量中要选择和制备所需求的研究电极和辅助电极。电化学测量结果与研究电极的性质及表面状态有很大关系，为了得到有意义的可重现实验结果，对研究电极的制备提出了严格的要求。

（1）研究电极的制备和预处理：金属的电化学性质随着热处理、制造工艺、表面状态不同而有很大的差异。金属的成型工艺和除去表面氧化皮等机械方法会引起冷作硬化，微观上会引起不均匀结晶构造和不同的晶粒取向，原子规模上，会出现不均匀性和位错晶格。比如，在退火的金属材料中，位错密度可达 10 个/cm，而在冷作的金属中，位错密度可达 100 个/cm。位错密度不同会对金属的电化学腐蚀行为有影响。因此，金属在经过成型和切削后应经过退火，以便提供标准的原子结构和均匀的化学结构。在退火之前，必须用研磨的方法把划痕、标记、覆盖物除去，然后依次用 220 目、320 目、400 目和 600 目的碳化硅砂纸打磨试样、得到均匀打磨的表面，光洁度大约为 17μm；必要时还要用金刚砂糊、氧化铝或氧化硅类的抛光材料进行抛光，得到光洁度达 0.1μm 的表面。有时，可用化学或电化学抛光得到高光洁度的表面。

值得注意的是某些预处理方法可能引起意想不到的效应，如用氧化硅重抛光铁合金表面能形成尖晶石型的表面化合物，而电解抛光特别是在铬酸溶液中，可形成成分和性质不确定的表面膜。这两种效应都会改变金属的电化学行为。另外，打磨引起的表面划痕的深度和间隔随磨光或抛光处理不同，这将影响金属的真实表面积。同样表观面积的电极，随表面打磨不同，极化曲线不同。

电极试样，特别是易钝化的金属，除了在预处理过程中可能产生氧化膜外，磨好的试样在空气中放置会形成氧化膜，对电化学测量也有影响。这种膜可以在电化学测量之前用阴极还原法除去，即将电极阴板极化到刚有氢气析出，持续几分钟或更长的时间即可除去氧化膜。对于黑色金属，由于阴极析出的氢可进入金属中，引起金属性能的变化，所以不宜过分析出氢气。

电极进行阳极极化或阴极极化预处理，对其后金属的电化学行为的影响尚不完全清楚。但在不同条件下，会引起金属表面状态的变化、电位的移动，溶液中的电极活性离子可在预极化过程中在电极上放电。在阳极预极化期间，金属离子或非金属离子都可从金属上溶解下来，在阴极极化期间，溶解中的电极活性离子可在电极上沉积。这些都可能影响以后的电化学测量。

另外，电极预处理对电化学行为有重要的影响，如对铂电极的预处理。这种预处理通常包括开始阳极极化，后阴极极化。即铂表面层开始被氧化，然后被还原，该过程使铂电极产生重现清洁表面，增加了铂电极表面的粗糙程度，增加了电极的表面积表现出高度的催化活性。但如果在不纯的溶液中进行电解预处理，铂电极的催化活性就低，这是由于电极污染。

（2）电解液的纯度。溶液的纯度应尽可能提高，以免污染和毒化电极表面。但即使是纯水，也含有各种无机和有机杂质，可能吸附在电极表面上并影响其电化学行为。有些实验要求高纯度溶液，除了在配制时用高纯度试剂和重蒸馏水外，还经常用预电解法净化溶液。为了把溶解在溶液中的氧除掉，常在溶液中通入纯净的惰性气体（如纯氮气），例如，测定易钝化金属的阳极极化时，往往先通纯氮把溶液中的氧除去。

（3）电极形状的选择及电极封装。研究显示电极的形状可以各种各样。制备电极时应使电极具有确定的易于计算的表面积。非工作表面必须绝缘性好。

1）对于铂丝电极，可将 Φ0.5mm 左右的铂丝在酒精喷灯上烧红，用钳子夹住，或在铁钻上用小锤轻敲，使二者焊牢。然后将铂丝的另一端在喷灯上封入玻璃管中。为了导电，在玻璃管中放入少许汞，再插入铜导线。玻璃管口用石蜡封死，以免不小心将汞倾出。铂电极可先放在热稀酒精溶液中，浸数分钟除油，然后在热浓硝酸中清洗，最后再用蒸馏水充分冲洗，即可得到清洁的铂电极。

有时可用环氧树脂加固化剂将金属圆棒（0.5mm）封入玻璃管中，或者将金属棒用力紧塞于预热的聚四氟乙烯塑料中，冷却后，塑料管收缩可将金属棒封住。将一端磨平或抛光作为工作面。这种电极工作面向下，电力线分布不均匀。将金属片状电极的工作面加工完成后，再在背面焊上铜丝做导线，非工作表面用环氧树脂绝缘，导线可用环氧树脂封入玻璃管中。若不引入绝缘树脂只把金属样用铂丝悬挂在溶液中的办法，则不能保证电流在整个电极上均匀分布。另外，导电性能良好的铂会把电流集中在铂丝上，电极的性质和面积都难以确定，甚至有引起双金属腐蚀的可能性。因此，非工作面包括引出导线都要绝缘好。

用清漆等涂料保护时，其中的可溶性组分可能引起电解质的污染，并可能吸附在电极表面上，覆盖在电极表面。当保护膜高出金属表面时，特别是在气体析出的过程中常发生边缘效应，有时电解液会渗到保护层下面，使“被保护的”表面上也发生反应，这时电极面积就不准了。比较满意的办法是首先加工好一定尺寸的试样，在背面焊上引出线，然后把整个试样和导线铸在环氧树脂、热固性或热塑性树脂中。但封装好之后，由于树脂的收缩或磨去封装材料露出试样表面后会引起金属与绝缘层之间存在着微缝隙。在氧化极化时缝隙因发生腐蚀而变得更宽，从而带来实验误差。另一种较为方便的方法是：将电极试样在背面焊好带塑料皮的导线后，紧压入聚四氟乙烯绝缘套中，使试样四周及背面穿导线小孔处都不出现缝隙。这种试样一般有均匀规整的尺寸，如圆形试样。

2）电极的真实表面积计算。一般固体电极真实表面积比其表观面积大数倍至数十倍。铂碳电极其真实表面积比其表观面积大 2~4 倍。目前认为比较理想的固体电极表面为单晶面，但测量界面电容的结果表明，单晶面的真实面积比其表观面积大 20%~50%。其次，固体电极表面不够均匀。在电极反应过程中，在电极表面上往往存在着一些低活化能的“活化中心”，在这些“中心”上电极反应更容易进行。再次，由于吸附污染，大多数的电极表面是“不清洁”的。最后，当电极反应进行时，电极表面及附近溶液中还可能不断出现新情况，如反应物及产物的浓度极化、电极表面的生长或破坏、膜的生成与消失等，问题则更复杂。

2.5.2 滴汞电极

2.5.2.1 滴汞电极的概念及使用过程中的优劣

用橡皮管将根玻璃毛细管与储汞瓶连接，调节储汞瓶的高度，在一定的水银柱压力下使汞能由毛细管末端逐滴落下，把悬在毛细管末端的滴汞作为电极，就叫作滴汞电极。

滴汞电极具有以下几方面的优点：

（1）滴汞电极是液体金属电极，与圆体金属相比，表面均匀、光洁，具有良好的重现性。

（2）汞的化学稳定性高，在其表面上氢的过电位较高，因而可以在很宽的范围内用作惰性电极。进行许多电极反应的研究。

（3）滴汞电极还具有表面不断更新的特点，这也使得这种电极对电化学测量带来一些重要性质。

首先，由于每一汞滴“寿命”不过数秒，因而低浓度的杂质由于扩散速度限制不可能在电极表面上大量吸附。计算表明，若汞滴寿命为 10min，则当杂质浓度低至 10^{-5}mol/L 以下时，就不可能在电极上引起可观的吸附覆盖，与固体电极相比，这就意味着对被研究溶液的纯度要求降低到 4~5 个数量级，因而大大有利于提高实验数据的重现性。

其次，由于汞滴不断落下，其表面也不断更新，故不致发生长时间内累积性的表面状况变化，这对提高电极表面的重现性是十分有利的。

另外，由于滴汞电极是“微电极”，通过电解的电流往往很小，因而除非电解时间特别长，或溶液体积特别小，都可以不考虑因电解而引起的电极活性物质的浓度改变。此外，由于滴汞电极的表面积往往比辅助电极的面积小很多，电解时几乎只在滴汞电极上出现极化。若溶液较浓，溶液欧姆电阻引起的电压降很小时，则可认为槽电压的变化近似等于滴汞电极电位的变化。在这种情况下，可用辅助电板也可以作为参比电极。

由于上述多种优点，滴汞电极在电化化学研究中有着广泛的应用。有关电极表面双电层结构、表面吸附的精确数据以及电极反应机理等都可以通过滴汞电极上测出。如测定有机化合物的电化学数据、研究金属电结晶。

滴汞电极虽然有很多优点，但也存在一些局限性。如在滴汞电极上发生还原的物质浓度有一定的限制。若组分浓度太小（$<10^{-5}$mol/L），就会由于电容电流的干扰太大而无法精确测定；若组分浓度较高（>0.1mol/L），又会由于电流太大而使汞滴不能正常滴落。其次，在汞电极上能实现的电极过程究竟是有限的，有许多重要的过程，如氢的吸附、电结晶过程及一些在较正电位区域发生的电极过程，就不能用滴汞电极研究。最后，由于汞毕竟不是电化学生产中常用的电极材料，在汞电极上得到的实验数据与结论往往不能直接用来解决实际问题。

2.5.2.2 滴汞电极装置及使用注意事项

滴汞电极装置是用一根厚壁塑胶管将毛细管连在储汞瓶上制成的。在精密测量中常采用全玻璃仪器，毛细管要用一根同样质量的玻璃管焊在一起。毛细管长度一般为 5~10cm，外径为 6~7mm，内径为 0.05~0.08mm。

毛细管径很小，极易阻塞，故实验中必须注意的事项有：储汞瓶中的汞必须纯净。实验中应防止电解液吸入毛细管中，所以开始实验前，先升高储汞瓶，待汞在毛细管中滴落时，再将滴汞电极置于电解池中，实验完毕，先取出毛细管，用蒸馏水洗净，并用滤纸吸干后，再降低储汞瓶。细管堵塞时可用一手按住连接管的上端，另一手轻轻挤压下端，使脏物挤出；若无效，可将储汞瓶升高，并将毛细管端置于 1∶1 的硝酸溶液中浸泡若干时间，脏物可能被溶解洗出；若仍无效，可将玷污的管端锯掉。装置滴汞电极时，不能有气泡，否则引起电路不通。

2.5.2.3　滴汞电极的表面积

理论及经验证明，滴汞电极最合适的特性参数大致为：内径 $r=25\sim40\mu m$，长度 $l=5\sim15cm$，汞柱高度 $h=30\sim80cm$，汞流速度 $v\approx1\sim2mg/s$。滴下时间 $t=3\sim6s$。所谓滴下时间就是滴汞电极的汞滴从毛细管口开始形成到从毛细管端脱落所经历的时间，也就是滴汞周期。通常滴入时间为 2～10s，在该时间内形成的汞滴尺寸为 1mm 左右，因此可把汞滴看作圆球。若用 r 表示汞滴的半径，它的面积 $s=4\pi r^2$，体积 $V=4/3\pi r^3$，消去 r 后有：$s=(36\pi V^2)^{1/3}$。如果 v（g/s）表示汞滴从毛细管中流出的速度，即汞流速度，并近似地认为它是恒定的，用 t 表示每一汞滴开始生长的那一瞬间开始计算的时间（s），则在任一瞬间汞滴的体积为：$V=\dfrac{vt}{\gamma_{Hg}}=0.0738vt$，式中 γ_{Hg} 表示汞的密度，25℃时，$\gamma_{Hg}=13.53g/cm^3$。将此式代入上式得：$s=0.850v^{2/3}t^{2/3}$。

2.6　盐　　桥

在测量电极电位时，往往参比电极内的溶液和被研究体系内的溶液组成不一样，这时在两种溶液间存在一个接界面。在接界面的两侧由于溶液的浓度不同，所含的离子种类不同，在界面形成化学势差异，造成离子往相对方向扩散。

在水溶液体系中，两种不同溶液的液接界电位一般小于 50mV。但如果是电解质水溶液和有机电解质水溶液相接界，它的液接界电位要大得多。因此，在测量电极电位时必须注意尽量减小液接界电位，尤其在需要准确测量电极电位时。

通常减小液接界电位多采用“盐桥”。常见的盐桥是一种充满盐溶液的玻璃管，另一种是用于多孔烧结陶瓷或多孔烧结玻璃等。管的两端分别与两种溶液相连接。通常盐桥做成 U 形，充满盐溶液后，把它们置于两溶液间，使两溶液导通。为了减小盐桥两边的溶液通过桥的流动，有的盐桥采用玻璃磨口活塞，或用关闭活塞的 U 形管，活塞用盐桥溶液润湿。有的盐桥两端用多孔物质封结，最简单的封结是使用石棉绳封结。石棉绳可以从石棉布上拆下，在火焰下把它封入已拉细的玻璃管的口内。

在盐桥内充满凝胶状电解液也可以抑制两边溶液的流动。所用的凝胶物质有琼脂、硅胶等，一般常用琼脂。制作时，先在热水中加 4%琼脂，待其溶解后加入所需的盐量，待盐溶解后，趁热把溶液注入或吸入盐桥玻璃管内，冷却后，管内电解液呈胶冻状。这种盐桥电阻较小，但琼脂在水中有一定的溶解度，若琼脂扩散到表面，有时会对电极过程有一定的影响。

制作盐桥时应注意盐桥的内阻，如果内阻太大，则易造成测量误差。

选择盐桥溶液应注意下述几点：

(1) 盐桥溶液内阴阳离子的迁移速度应尽量相近。采用盐桥后，使原先一个液接界面变为由盐桥溶液与两边溶液组成的两个液接界面，这两个面的液接界电位应当尽量小。从前面的讨论可知，具有相同离子迁移速度的溶液其液接界电位较小。在水溶液体系中，常采用 KCl 溶液且是浓度高的溶液，如饱和 KCl 作盐桥溶液。当饱和 KCl 溶液与另一稀溶液相接界时，界面的扩散情况主要由离子向稀溶液扩散决定，而离子的迁移速度基本相等，因此可减小液接界电位。另外，盐桥两端液接界电位符号恰恰相同，可使两端液接界电位恰好抵消一部分。

盐桥溶液与被测溶液的液接界电位与盐桥内 KCl 溶液浓度有关。实际使用的盐桥多采用饱和 KCl 溶液。

在有机电解质溶液中的盐桥可采用苦味酸四乙基胺溶液，因为在很多溶剂中其正负离子的迁移速度几乎相同。

（2）盐桥溶液内的离子，必须不与两端的溶液相互作用。如对于 $AgNO_3$ 溶液体系，就不能采用 KCl 盐桥溶液，因为 Ag^+和 Cl^-会生成 AgCl 沉淀，这时一般可采用 NH_4NO_3 溶液。因为 NH_4^+、NO_3^- 的离子迁移速度相近，它也可以有效地减小液接界电位。

（3）必须考虑盐桥溶液中离子扩散到被测系统后对测量结果的影响。在长期使用盐桥时，微量的盐桥溶液往往能扩散到被测体系中，因此，在选择盐桥时，必须考虑它的影响，如果被测体系用离子选择电极测定 Cl^-的浓度，如果采用饱和 KCl 溶液作盐桥溶液，那么微量 Cl^-扩散到被测系统将影响 Cl^-选择性电极的电位。又如，在研究金属腐蚀的电化学过程中，微量的 Cl^-对某些金属的阳极过程会有明显的影响，这时应避免采用溶液的盐桥，或尽量设法避免 Cl^-扩散到研究体系。

利用液位差使电解液朝一定方向流动，可以减少盐桥溶液扩散进入研究体系溶液或参比电极溶液中。

2.7 电解池设计

电解池对电化学测量有很大影响，特别是在恒电位极化中，电解池构成了恒电位仪中运算放大器的反馈回路，电解池参数的变化对恒电位仪的稳定性往往有很大影响。因此，正确设计、合理选择电解池十分重要。

制作电解池的材料必须有很好的稳定性。实验室进行电化学测量用的小型电解池常用玻璃制成。玻璃具有很宽的使用温度，能在灯焰下加工成各种形状，又具有高度的透明性，在有机电解质溶液中玻璃是十分稳定的。在大多数无机电解质溶液中，玻璃也具有良好的化学稳定性和加工性能。聚四氟乙烯、尼龙、有机玻璃等也可以用作电解池的材料。

根据不同的使用目的，可以采用不同电解池。在设计电解池时要注意下述几点：

（1）电解池的体积不能太大。体积太大，溶液量就多，这是不必要的。但电解池的体积也不能太小，由于在进行电化学测量时，电极表面进行氧化、还原反应，溶液中有些物质因参加电极反应而减少；同时，一些反应产物将溶解到溶液里，如果电解池体积太小，而且又在较长时间的稳态测量中，溶液的浓度将会发生明显的变化，从而影响实验结果。但在快速电化学测试中，这种影响就较小。

（2）在进行电极的电化学性能测试中，要求尽量减少其他物质的干扰。实验时，在辅助电极表面经常会产生一些氧化、还原产物。如果采用铂作辅助电极，表面常有氧或氢析出，这些物质溶解在溶液中，扩散到研究电极表面，并在研究电极表面进行电化学反应，从而影响测量结果。为了减少这种影响，电解池的研究电极和辅助电极必须分得较开。有时研究电极部分可用磨口活塞或烧结玻璃隔开，以避免辅助电极反应产物的影响。

(3) 如果测量需要在一定气体气氛中进行，电解池必须有进气和出气的管子。进气管的管口可接有烧结玻璃板，使溢出的气体分散，使它在溶液中容易饱和。有时溶液需要充分的搅动（如电解分析），可采用电磁搅拌。这可在电池底部放一根封有铁棒的玻璃管。通过电解池外的转动磁场而使玻璃棒转动，搅拌溶液。

(4) 鲁金（Luggin）毛细管的位置必须选择得当，以保证电位测量的正确。

(5) 须正确放置辅助电极的位置。辅助电极相对于研究电极的位置将直接影响研究电极表面的电流分布均匀性。辅助电极离开研究电极表面的距离增大，可以改善电流的均匀分布性。对于平面状研究电极，辅助电极应放置在对称的位置，如果研究电极的两面都进行电化学反应，那么就应在其两侧各放置一只辅助电极，以保证电流分布均匀。

(6) 应用恒电位仪进行电化学测量时，应根据具体情况，对电解池做多方面考虑。例如，对用于快速暂态测量的电解池，要求其时间响应速度较快。这时应采用低电阻的盐桥和低电阻的参比电极，并且尽量减少参比电极和研究电极或辅助电极间的杂散电容。电解池中鲁金毛细管的位置也应放置正确，其管口离研究电极表面太远，必定增加电位测量误差；但若靠得太近，则常会造成测量不稳定，甚至引起震荡。应用于恒电位测量仪的电解池还应具有较低的总电阻，其研究电极的面积较小，并且电流是均匀分布的。

在电化学测量中，所用电解池多种多样。根据实验的要求，可用不同的电解池。图2-4与图2-5所示分别是一类常用H形电解池的实物图和示意图。研究电极、辅助电极和参比电极各自处于一个电极管中，所以也称为三池电解池。研究电极和辅助电极间用多孔烧结玻璃板隔开，参比电极通过鲁金毛细管同研究体系相连，毛细管管口靠近研究电极表面。3个电极管的位置可做成以研究电极管为中心的直角，这样有利于电流的均匀分布和进行电势测量，并且也可以稳妥放置电解池。如果研究电机采用平板状电极，则其背面必

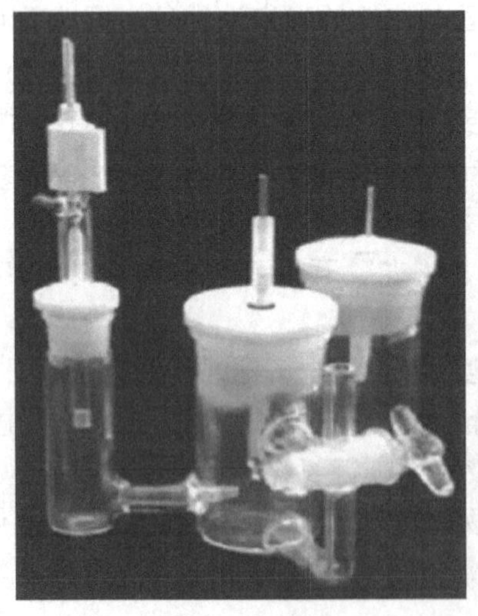

图 2-4　H 形电解池的实物图

须绝缘，这样才能保证表面电流的均匀分布。研究电极和辅助电极的塞子可用磨口玻璃塞或橡胶塞、PTFE 塞。

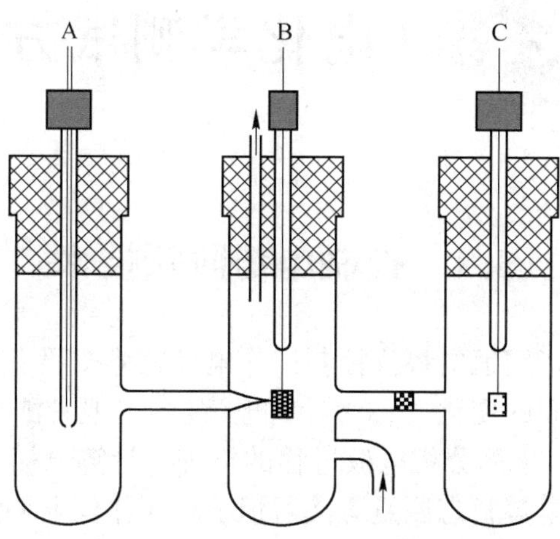

图 2-5 H 形电解池的示意图

A—参比电极；B—研究电极；C—辅助电极

3 电化学测试方法

3.1 控制电势阶跃技术

控制电势阶跃技术是指用恒电势仪控制工作电极电势按照一定的具有电势的波形规律变化，同时测量电流随时间的变化（称为计时电流法），或者测量电量随时间的变化［称为计时库仑（电量）法］，进而分析电极过程的机理、计算电极的有关参数或电极等效电路中各元件的数值。控制电势暂态测量方法习惯上也叫作恒电势法。

3.1.1 常用的阶跃电势波形

常用的阶跃电势波形可分为如图 3-1 所示几类。

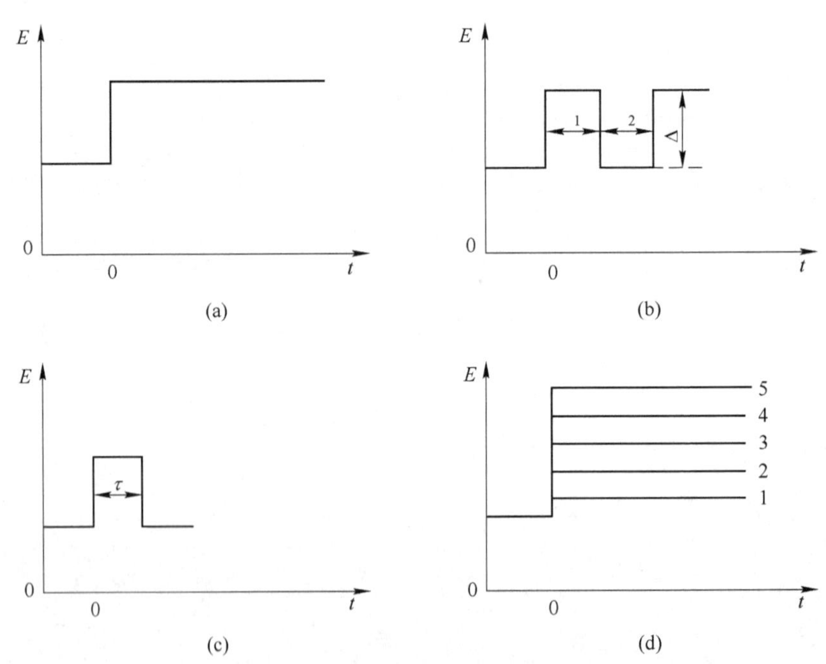

图 3-1　控制电势阶跃极化波形

（a）电势阶跃；（b）方波电势阶跃；（c）双电势阶跃；（d）系列电势阶跃

在控制电势阶跃实验中，通常记录电流与时间的关系曲线，该方法称为计时安培法或计时电流法；但有时也记录电流对时间的积分随时间变化的关系曲线，由于该积分表示通过的电量，故这类方法称为库仑法。库仑法中，最基本的是计时库仑法（或称计时电量法），以及双电势阶跃计时库仑法（或称双电势阶跃计时电量法）。

3.1.2 控制电势阶跃的电流-电势特征

对式（3-1）所示电极反应，进行控制电势实验：

$$O+ne^{-1} \rightleftharpoons R \tag{3-1}$$

可使用通用的电流-电势方程：

$$i = nFAk^{\ominus}\{c_O(0, t)\exp[-\alpha nF(E-E^{\ominus'})/RT] - c_R(0, t)\exp[\beta nF(E-E^{\ominus'})/RT]\} \tag{3-2}$$

并结合 Fick 定律来处理。Fick 定律可给出电极表面浓度 c_O（0，t）和 c_R（0，t）与时间的关系。由于解微分方程较费时，有时也得不到精确的解析解，故经常使用数值方法或近似处理。对于复杂问题，采用恰当的实验设计来简化理论及推导，无疑是一种很好的方法。下面就控制电势实验的几种特殊情况进行简单描述。

（1）大幅度电势阶跃。若电势阶跃到传质控制区，电极表面活性物质的浓度几乎为零，通用的电流-电势方程不再符合这种情况。此时，电流与电势无关，而受传质过程控制，或取决于远离电极溶液中的其他反应。

（2）小幅度电势扰动。如果电势扰动较小，并且存在平衡电势，电流电势 i-E 关系就可简化为线性关系，对于式（3-1）所示的电极反应有：

$$i = i_0\left(\frac{-n\eta F}{RT}\right) \tag{3-3}$$

（3）可逆电极过程 i-E 关系通常可用 Nernst 方程来描述

$$E = E^{\ominus'} + \frac{RT}{nF}\ln\left[\frac{c_O(0, t)}{c_R(0, t)}\right] \tag{3-4}$$

式（3-4）不含动力学参数 $k^{\ominus}$ 和传递系数 α，可大大简化数学处理。

（4）完全不可逆电子移动 i-E 关系符合 Tafel 行为。

（5）准可逆体系。当电极过程不是很快，也不是很慢时，就必须考虑复杂的 i-E 关系，此时阴极过程、阳极过程均对净电流有贡献。

3.1.3 扩散控制下的电势阶跃

假设使用平板电极，溶液不搅拌，研究电极反应 $O+ne^- \rightleftharpoons R$。无论电极反应动力学快或慢，总可以用一个足够高的负电势活化反应可瞬间阶跃到这种状态，使得氧化态表面浓度为零。

则通过解以下线性扩散方程，得到极限扩散电流 i_d 和浓度分布 $c_O(x, t)$，有

$$\frac{\partial c_O(x, t)}{\partial t} = D_O\left[\frac{\partial^2 c_O(x, t)}{\partial x^2}\right] \tag{3-5}$$

边界条件如下：

$$c_O(x, 0) = c_O^* \tag{3-6}$$

$$\lim_{x\to\infty} c_O(x, t) = c_O^* \tag{3-7}$$

$$c_O(0, t) = 0 (t > 0) \tag{3-8}$$

式（3-6）表示实验开始前 $t=0$ 时刻溶液是均匀的，溶液各处的浓度约为 c_O^*；式（3-7）

中半无限条件确保在实验过程中远离电极表面的本体相不变；式（3-8）表示电势阶跃后电极表面的条件，即电极表面反应粒子的浓度为0。

对式（3-5）进行 Laplace 变换并结合式（3-6）和式（3-7）给出：

$$\overline{c_0}(x,\ s)=\frac{c_0^*}{s}+A(s)\mathrm{e}^{-\left(\frac{s}{D_0}\right)^{1/2}\cdot x} \tag{3-9}$$

式中，A 为电极的截面面积；s 为拉普拉斯平面变量，通常对 t 互补。

变换式（3-8）可得到$\overline{c_0}$（0，s）= 0，故 A（s）= $-\dfrac{c_0^*}{s}$，即

$$\overline{c_0}(x,\ s)=\frac{c_0^*}{s}-\frac{c_0^*}{s}\mathrm{e}^{-\left(\frac{s}{D_0}\right)^{1/2}\cdot x} \tag{3-10}$$

对式（3-10）做 Laplace 反变换得到电极附近电活性物质浓度分布：

$$c_0(x,\ t)=c_0^*\left\{1-\operatorname{erfc}\left[\frac{x}{2(D_0t)^{\frac{1}{2}}}\right]\right\} \tag{3-11}$$

或

$$c_0(x,\ t)=c_0^*\operatorname{erf}\left[\frac{x}{2(D_0t)^{\frac{1}{2}}}\right] \tag{3-12}$$

式中，erfc(x) 表示 x 的余误差函数；erf(x) 表示 x 的误差函数。

由于电极表面的流量正比于电流，有

$$-J_0(0,\ t)=\frac{i(t)}{nFA}=D_0\left[\frac{\partial c_0(x,\ t)}{\partial x}\right]_{x=0} \tag{3-13}$$

经变换有

$$\frac{\bar{i}(s)}{nFA}=D_0\left[\frac{\partial \overline{c_0}(x,\ s)}{\partial x}\right]_{x=0} \tag{3-14}$$

代入式（3-10）可得到：

$$\bar{i}(s)=\frac{nFA{D_0}^{1/2}c_0^*}{s^{1/2}} \tag{3-15}$$

对式（3-15）做 Laplace 反变换后可得到平板电极线性极限扩散的电流方程式：

$$i(t)=i_{\mathrm{d}}(t)=\frac{nFA{D_0}^{1/2}c_0^*}{\pi^{1/2}t^{1/2}} \tag{3-16}$$

此式为暂态极限扩散电流函数的表达式，该式也称为 Cottrell 方程。

对于一球形电极的扩散问题，需考虑球形扩散场，Fick 第二定律可表示如下：

$$\frac{\partial c_0(r,\ t)}{\partial t}=D_0\left[\frac{\partial^2 c_0(r,\ t)}{\partial r^2}+\frac{2}{r}\frac{\partial c_0(r,\ t)}{\partial r}\right] \tag{3-17}$$

式中，r 为距电极球心的径向距离。

此时的边界条件为 $c_0(r,\ 0)=c_0^*\ (r>r_0)$；$\lim\limits_{r\to\infty}c_0(r,\ t)=c_0^*$；$c_0(r_0,\ t)=0$，$t>0$，$r_0$ 为电极半径。

设 $v(r,\ t)=rc_0(r,\ t)$，式（3-17）可转换为线性方程的形式，用求平板电极类似的

方法可求得球形电极附近电活性物质的浓度分布和球形电极的扩散电流。

$$c_O(r,\ t) = c_O^*\left[1 - \frac{r_0}{r}\mathrm{erfc}\left(\frac{r - r_0}{(2D_Ot)^{1/2}}\right)\right] \tag{3-18}$$

$$i_d(t) = nFAD_Oc_O^*\left[\frac{1}{(\pi D_Ot)^{1/2}} + \frac{1}{r_0}\right] \tag{3-19}$$

也可写为

$$i_\alpha(\text{球形}) = i_\alpha(\text{线形}) + \frac{nFAD_Oc_O^*}{r_0} \tag{3-20}$$

对于平面电极，有

$$\lim_{t\to\infty} i_d\ (\text{线形}) = 0 \tag{3-21}$$

但对球形电极，有

$$\lim_{t\to\infty} i_d\ (\text{球形}) = \frac{nFAD_Oc_O^*}{r_0} \tag{3-22}$$

3.1.4 计时电流法与计时库仑法

要使电极反应 $O+ne^{-1} \rightleftharpoons R$ 在阶跃瞬间立即发生，需要很大的电流，随后流过的电流用于确保电极表面的 O 完全被还原的条件，初始还原时，在电极表面和本体溶液之间产生浓度差，本体溶液中的 O 不断向电极表面扩散，而扩散到电极表面的 O 立即被还原，此时的电流为扩散电流；该电流正比于电极表面的浓度梯度，若电极为平板电极，其理论表达式即为 Cottrell 方程（3-16）：

$$i(t) = i_d(t) = \frac{nFAD_O^{1/2}c_O^*}{\pi^{1/2}t^{1/2}}$$

随着反应的进行，本体溶液中的 O 向电极表面不断扩散，使得电极表面浓度梯度逐渐减小，电流也逐渐减小，曲线如图 3-2 所示。该方法记录电流与时间的关系称为计时电流法。

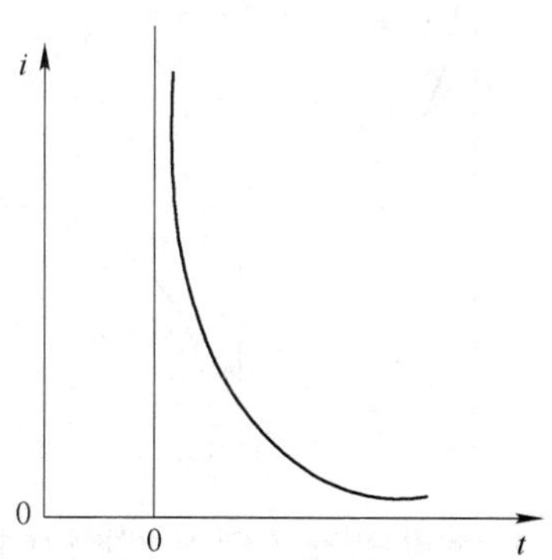

图 3-2　计时电流法电流与时间关系曲线

对式（3-16）积分，有

$$Q_d = \int_0^t i_d(t)\,\mathrm{d}t = \frac{2nFAD_O^{1/2}c_O^*t^{1/2}}{\pi^{1/2}} \tag{3-23}$$

计时库仑法是记录电流的积分，即电量与时间的关系 $Q(t)$。

计时电流法与计时库仑法，一般作为动力学的研究方法，可用来测定电子转移数 n、电极的实际面积 A 及物质的扩散系数 D_O。

式（3-23）表明，$t=0$ 时扩散对电量的贡献为零，随时间的增长，Q_d 与 $t^{1/2}$ 呈线性关系。而在实际中，Q 还包括双电层充电和还原吸附的电量，因此式（3-23）可变为：

$$Q_d = \frac{2nFAD_O^{1/2}c_O^* t^{1/2}}{\pi^{1/2}} + Q_{dl} + nFA\Gamma_O \tag{3-24}$$

式中，Q_{dl} 为电容电量；$nFA\Gamma_O$ 为表面吸附 O 还原的法拉第电量。

3.1.5 双电势阶跃

双电势阶跃即控制研究电极的电势发生两次阶跃，如图 3-1（c）所示。在 $t=0$ 时，初始电势 E_i 第一次阶跃至电极上发生极限扩散条件下的还原电势 E_f（设溶液中最初只存在氧化态组分 O），在电势 E_f 持续一段时间 τ。再跃回 E_i，即所谓大幅度的电势阶跃。

对于平面电极，在 $0<t<\tau$，有：

$$i(t) = \frac{nFAD_O^{1/2}c_O^*}{\pi^{1/2}t^{1/2}} \tag{3-25}$$

在 $c_O(0, t)_{t<\tau}=0$，且 $c_R(0, t)=0$ 的条件下，解扩散方程可得到反向阶跃电流，只要电势阶跃足够大，不论是可逆还是不可逆体系，式（3-26）均适用。图 3-3 所示为其双电势阶跃电流响应曲线。

$$i_r(t > \tau) = \frac{-nFAD_O^{1/2}c_O^*}{\pi^{1/2}}\left[\frac{1}{(t-\tau)^{1/2}} - \frac{1}{t^{1/2}}\right] \tag{3-26}$$

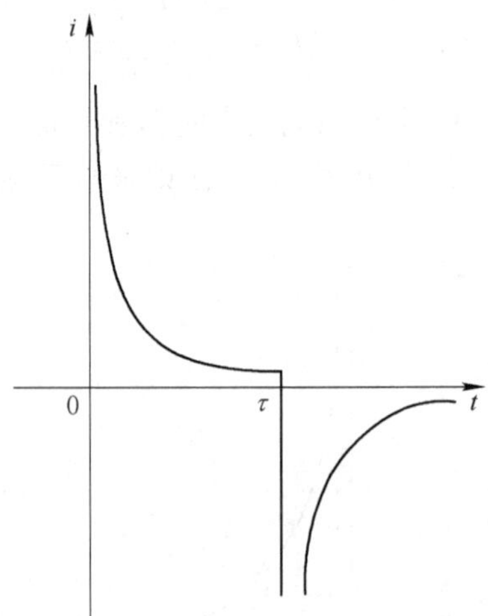

图 3-3 双电势阶跃的计时电流响应曲线

当 $t>\tau$ 时，扩散引起并继续积累的电量与时间的关系如下

$$Q_d(t > \tau) = \frac{2nFAD_O^{1/2}c_O^*}{\pi^{1/2}}\left[t^{1/2} - (t-\tau)^{1/2}\right] \tag{3-27}$$

两个阶跃方向相反，所以 $t>\tau$ 时，Q_d 随 t 增加而降低，如图 3-4 所示。虽然在正向阶跃时充电，反向时放电，但净电势变化为 0，因而在时间 t 后的总电量中没有净的电容电量。

反向时移去电量 $Q_r(t>\tau)$ 是 $Q_\tau - Q_d(t>\tau)$，即

$$Q_r(t > \tau) = Q_{dl} + \frac{2nFAD_O^{1/2}c_O^*}{\pi^{1/2}}[\tau^{1/2} - (t - \tau)^{1/2} - t^{1/2}] = Q_{dl} + \frac{2nFAD_O^{1/2}c_O^*}{\pi^{1/2}}\theta \tag{3-28}$$

式中，$\theta = \tau^{1/2} - (t - \tau)^{1/2} - t^{1/2}$，若 R 在电极上不吸附，$Q_r(t > \tau)$ 对 θ 作图是线性的。

$Q(t<\tau)$ 对 $t^{1/2}$ 和 $Q_r(t>\tau)$ 对 θ 这一对图被称为 Anson 图，如图 3-5 所示。对被研究吸附物质的电极反应非常有用。在这里讨论的情况是 O 发生吸附而 R 不发生吸附，图中两个截距之差为 $nFA\Gamma_O$，得到了纯粹源于吸附的法拉第电量。在一般情况下，该差值为 $nFA(\Gamma_O - \Gamma_R)$，双电势阶跃有很多应用。如果产物 R 在溶液中能发生均相反应而消耗，分析其在氧化阶段对应的电量可得到均相反应的程度及其动力学。若 O 和 R 都是稳定的，且均不发生吸附反应，则

$$Q_d(t < \tau)\ \frac{Q_d(t < \tau)}{Q_d(\tau)} = \left(\frac{t}{\tau}\right)^{1/2} \tag{3-29}$$

$$\frac{Q_d(t > \tau)}{Q_d(\tau)} = \left(\frac{t}{\tau}\right)^{\frac{1}{2}} - \left[\left(\frac{t}{\tau}\right) - 1\right]^{1/2} \tag{3-30}$$

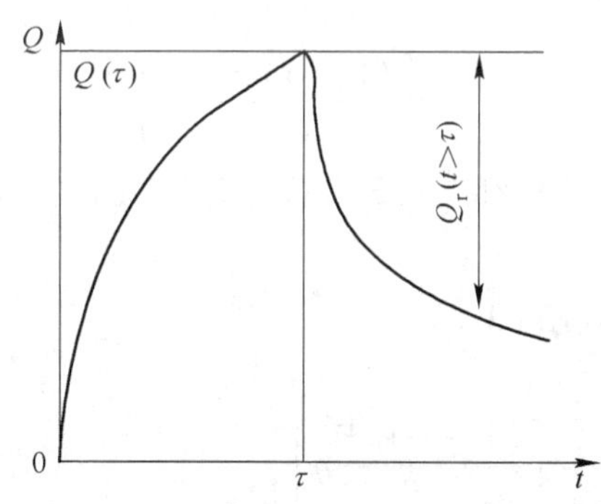

图 3-4 双电势阶跃下的计时电量响应

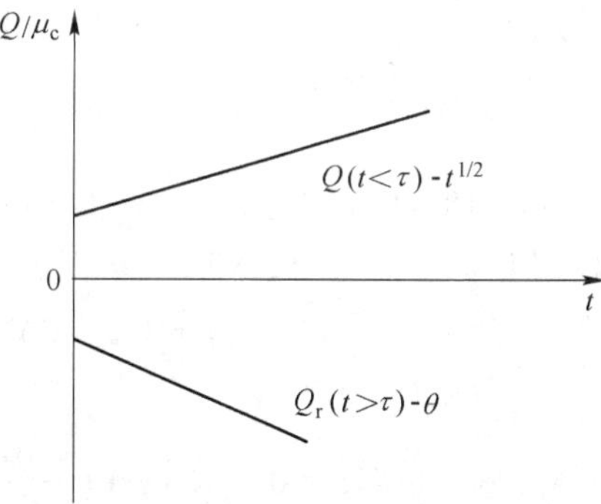

图 3-5 Anson 图

上述比值与 n、c_O^*、D_O、A 等实验参数无关，这是稳定体系的计时电量响应的本质特征。用 $\frac{Q_d(2\tau)}{Q_d(\tau)}$、$\frac{Q_d(\tau) - Q_d(2\tau)}{Q_d(\tau)}$ 可判断化学稳定性，对于稳定体系，其值分别为 0.414 和 0.586。双电势阶跃计时电流法可精确测量扩散系数，尤其在当使用小尺寸电极，如静态滴汞电极或微电极时。

3.1.6 恒电势法应用

3.1.6.1 电化学反应参数的测定

对于电极反应 O+ne^-=R，有：

$$i = i_O\left\{\frac{c_O(0,\ t)}{c_O^*}\exp\left(\frac{-\alpha nF}{RT}\eta\right) - \frac{c_R(0,\ t)}{c_R^*}\exp\left[\frac{(1-\alpha)nF}{RT}\eta\right]\right\} \tag{3-31}$$

式（3-31）表明：如果电化学反应足够快，电极表面附近溶液中的反应剂浓度必将

下降，因此反应速度不仅受电子传递步骤所控制而且受传质控制。式中的 $c_O(0, t)$ 和 $c_R(0, t)$ 是未知的，必须根据传质的情况限定。若通过加入其他高电迁移的电解质消除电迁移对反应离子的影响，同时试验溶液保持静止，且在很短的时间内完成测定忽略电流的影响，则 $c_O(0, t)$ 和 $c_R(0, t)$ 可由扩散方程求得。在半无限扩散的条件下，若通过电极的电流为恒值，扩散方程与边界条件可表示如下：

$$\frac{\partial c_O(x, t)}{\partial t} = D_O\left[\frac{\partial^2 c_O(x, t)}{\partial x^2}\right] \tag{3-32}$$

$$\frac{\partial c_R(x, t)}{\partial t} = D_R\left[\frac{\partial^2 c_R(x, t)}{\partial x^2}\right] \tag{3-33}$$

$$c_O(x, 0) = c_O^*, \quad c_R(x, 0) = c_R^* \tag{3-34}$$

$$c_O(\infty, t) = c_O^*, \quad c_R(\infty, t) = c_R^* \tag{3-35}$$

$$D_O\left[\frac{\partial c_O(x, t)}{\partial x}\right]_{x=0} + D_R\left[\frac{\partial c_R(x, t)}{\partial x}\right]_{x=0} = 0 \tag{3-36}$$

$$nFAD_O\left[\frac{\partial c_O(x, t)}{\partial x}\right]_{x=0} = i = \text{常数} \tag{3-37}$$

在恒电势条件下，式（3-32）~式（3-36）成立，唯一变动的是用式（3-38）代替式（3-37）：

$$nFAD_O\left[\frac{\partial c_O(x, t)}{\partial x}\right]_{x=0} = i_0\left\{\exp\left(\frac{-\alpha nF}{RT}\eta\right) - \exp\left[\frac{(1-\alpha)nF}{RT}\eta\right]\right\} \tag{3-38}$$

Kambara 和 Tachi 已根据式（3-32）~式（3-36）和式（3-38）求出 $c(x, t)$。若把 $c_O(0, t)$ 和 $c_R(0, t)$ 代入式（3-31），可得

$$i = i(t=0)\exp(\lambda^2 t)\operatorname{erfc}(\lambda\sqrt{t}) \tag{3-39}$$

式中

$$i(t=0) = i_0\left\{\exp\left(\frac{-\alpha nF}{RT}\eta\right) - \exp\left[\frac{(1-\alpha)nF}{RT}\eta\right]\right\} \tag{3-40}$$

$$\lambda = \frac{i_0}{nFA}\left\{\frac{1}{c_O^*\sqrt{D_O}}\exp\left(\frac{-\alpha nF}{RT}\eta\right) + \frac{1}{c_R^*\sqrt{D_R}}\exp\left[\frac{(1-\alpha)nF}{RT}\eta\right]\right\} \tag{3-41}$$

式（3-39）表示恒电势条件下瞬时电流是 t 和 η 的函数。因为只有当 $t=0$ 时才不存在浓度极化，所以 t=0 时 η 为纯活化过电势。

Gerischer 和 Vielstich 根据数值计算的结果指出，式（3-41）在两种情况下可以简化。

（1）当 $\lambda\sqrt{t} \geqslant 5$ 时，$\exp(\lambda^2 t)\operatorname{erfc}(\lambda\sqrt{t}) \approx \frac{1}{\lambda\sqrt{\pi t}}$

故

$$i = i(t=0)\frac{1}{\lambda\sqrt{\pi t}}$$

或者

$$\frac{i(t=0)}{\lambda} = nFAc_O^* c_R^*\sqrt{D_O D_R} \times \frac{\exp\left(\frac{nF}{RT}\eta\right) - 1}{c_O^*\sqrt{D_O} + c_R^*\sqrt{D_R}\exp\left(\frac{nF}{RT}\eta\right)} \tag{3-42}$$

可见 $\frac{i(t=0)}{\lambda}$ 与电荷传递反应的 i_0 和 α 无关，因此当 $\lambda\sqrt{t}\geqslant 5$ 时 η 实际上是纯扩散过电位 η_d。

如果电势阶跃的幅度足够大以致逆反应可以忽略，则可得到极限扩散电流：

$$i_d=\frac{nFAD_O^{1/2}c_O^*}{\pi^{1/2}t^{1/2}} \tag{3-43}$$

式（3-32）表示在 t 值很小的时区内，i 是 $t^{1/2}$ 的线性函数，利用阶跃电势输入后初始阶段的 $i-t^{1/2}$ 关系外推至 $t=0$，可得 $i(t=0)$。

（2）当 $\lambda\sqrt{t}\leqslant 1$ 时，$\exp(\lambda\sqrt{t})\approx 1$，$\mathrm{erfc}(\lambda\sqrt{t})\approx 1-\frac{2\lambda\sqrt{t}}{\sqrt{\pi}}$，故

$$i=i(t=0)\left[1-\frac{2\lambda\sqrt{t}}{\sqrt{\pi}}\right] \tag{3-44}$$

Gerischer 和 Vielstich 利用电势阶跃法研究 $Ag(CN)_3^{2-}$ 和 Ag 阴极上阴极还原的动力学。电势阶跃法同样受到双层充电的限制，可能测定的 $k^{\ominus}$ 值的上限为 1cm/s。

3.1.6.2 电结晶过程的研究

恒电势法比恒电流法更适于分析表面过程的动力学。二维成核的暂态特征为

$$i=\left(\frac{2nF\pi MN_0k^2ht}{\rho}\right)\exp\left(\frac{-\pi M^2N_0k^2t^2}{\rho^2}\right)\text{（瞬时成核）} \tag{3-45}$$

$$i=\left(\frac{nF\pi MN_0bk^2ht}{\rho}\right)\exp\left(\frac{-\pi M^2N_0bk^2t^3}{\rho^2}\right)\text{（连续成核）} \tag{3-46}$$

式中，n 为反应中的电子数；F 为法拉第常数，1mol 电子所带的电量；h 为普朗克常数；ρ 为沉积相的密度；M 为沉积相的相对原子质量；b 为常数；N_0 为组成临界晶核的原子数。

根据式（3-45）和式（3-46），恒电势 $i-t$ 关系如图 3-6 所示。

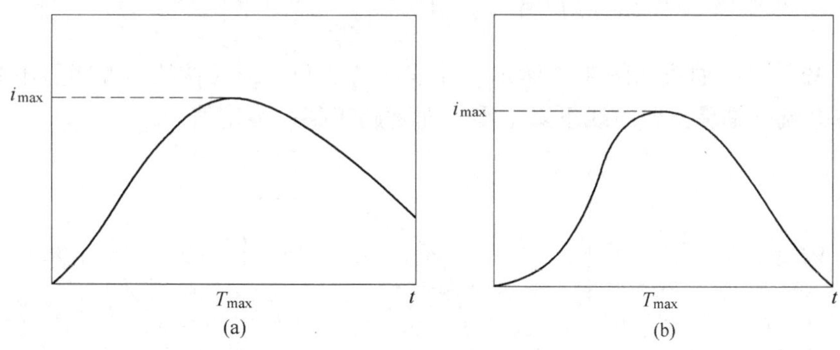

图 3-6 考虑生长中心重叠时的二维成核与生长（电势暂态特征产物）
（a）瞬时成核；（b）连续成核

可以看出，在两种情况下瞬时电流都通过一极大值，这种现象的出现是周边生长表面的增大与生长中心的重叠两种相反影响共同起作用的结果。由式（3-45）可知，当 t 很小时，两式中的指数项均近似等于 1，因此在阶跃电势输入后的很短时间内，电流随 t（瞬时成核）或 t^2（连续成核）而线性地增大。一方面，当 $t>t_{max}$ 时式中的指数项占优势，$\ln i$

正比于 t^2（瞬时成核）或 t^3（连续成核）。若将式（3-45）或式（3-46）等号两边分别除以 t 或 t^2，然后取对数，可得判断二维成核机理的 i-t 关系式，即

$$\ln\left(\frac{i}{t}\right) = A - Bt^2(\text{瞬时成核}) \tag{3-47}$$

$$\ln\left(\frac{i}{t^2}\right) = A' - B't^3(\text{连续成核}) \tag{3-48}$$

式中，A、B 和 A'、B'是与式（3-45）或式（3-46）中的参数有关的常数。

另一方面，利用 $\frac{d_i}{d_t} = 0$ 求极值，可得电流峰值 i_{max} 和出现峰的时间 t_{max}：

$$i_{max} = (2\pi N_0)^{1/2} nFkh\mathrm{e}^{-1/2} \tag{3-49}$$

$$t_{max} = \rho/(2\pi N_0)^{1/2} Mk \tag{3-50}$$

$$i_{max} = 1/3nF(4\pi N_0 bk^2\rho/M)h\mathrm{e}^{-2/3} \tag{3-51}$$

$$t_{max} = 1/3(2\rho^2/\pi M^2 N_0 bk^2) \tag{3-52}$$

式（3-49）和式（3-50）为瞬时成核，式（3-51）和式（3-52）为连续成核。从式（3-50）和式（3-52）可以看出，在两种情况下 t_{max} 均随生长速率常数 k 的增大而减小，瞬时成核机理尤为显著。两种成核模型中的 i_{max} 和 t_{max} 的乘积分别为：

$$i_{max}t_{max} = \frac{nF\rho h\mathrm{e}^{-1/2}}{M}(\text{瞬时成核}) \tag{3-53}$$

$$i_{max}t_{max} = \frac{2nF\rho h\mathrm{e}^{-2/3}}{M}(\text{连续成核}) \tag{3-54}$$

显然，乘积 $i_{max}t_{max}$ 与速率常数无关，也即阶跃电势的幅度对乘积无影响，因此 $i_{max}t_{max}$ 不能用于判别机理。然而式（3-53）和式（3-54）右边的 M 和 ρ 是可测定的，故 $i_{max}t_{max}$ 可用于估计沉积相厚度 h。如果晶面上发生三维成核和生长，这时恒电势暂态特征为：

$$i = nFk_2\left[1 - \exp\left(\frac{-\pi M^2 k_1^2 N_0 bt^3}{3\rho}\right)\right] \tag{3-55}$$

根据式（3-32），i-t 曲线如图 3-7 所示。曲线的特征与二维成核的情况明显不同，当 t 足够大时暂态电流不是呈指数曲线下降至零，而是趋于某一恒定值。

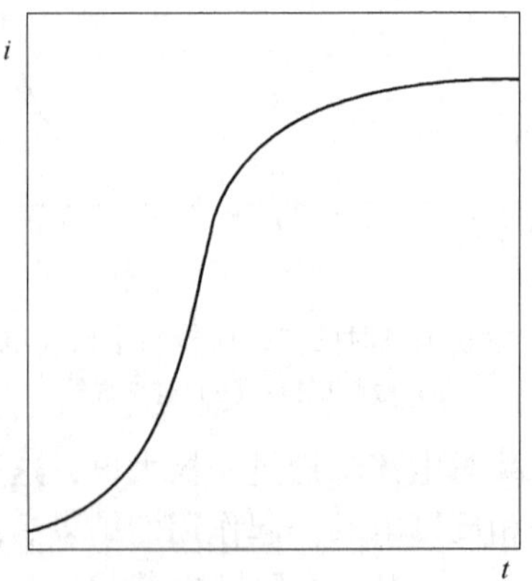

图 3-7　考虑生长中心重叠时的三维成核生长的恒电势暂态特征

3.2 控制电流技术

控制电流技术是指在恒电流电路或恒电流仪的保证下，控制流过工作电极的电流按一定的、具有电流突跃的波形规律变化，同时测量电极电势随时间的变化（称为计时电势法），进而分析电极过程的机理，计算电极的有关参数或电极等效电路中各元件的数值。

3.2.1 控制电流阶跃过程的特点

在控制电流阶跃实验中，其阶跃电流波形有很多种，但它们的共同特点是在某一时刻电流发生突跃，然后在一定的时间范围内恒定在某一数值上。

下面以单电流阶跃极化下的电势-时间响应曲线（E-t 曲线）为例讨论控制电流阶跃过程的特点。当电极上流过一个单阶跃电流时，电流-时间曲线（i-t 曲线）及相应的电势-时间响应曲线（E-t 曲线）如图 3-8 所示。

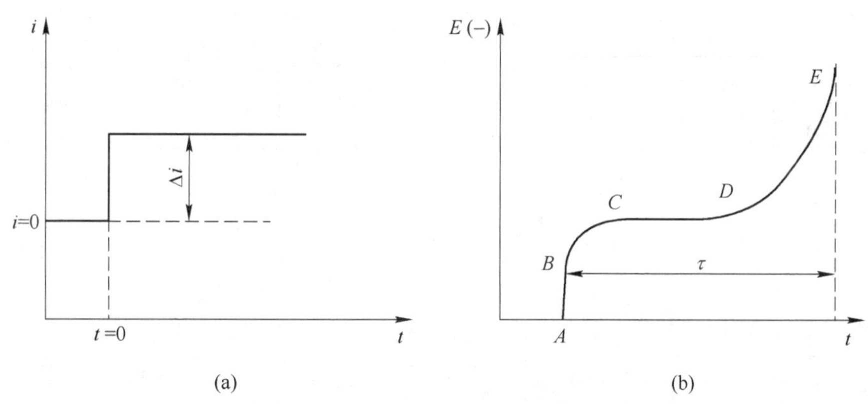

图 3-8 单电流阶跃极化下的控制信号和响应信号

（a）电流-时间曲线；（b）电势-时间响应曲线

电极电势随时间变化的原因可分析如下。

（1）*AB* 段。在电流突跃瞬间（即 $t=0$ 时刻），流过电极的电量极小，不足以改变界面的电荷状态，因而界面电势差来不及发生改变，电势-时间响应曲线上 $t=0$ 时刻出现的电势突跃是由溶液欧姆电阻引起的，该电势突跃值即为溶液欧姆压降。

（2）*BC* 段。当电极-溶液界面上通过电流后，电化学反应开始发生。由于电荷传递过程的迟缓性，引起双电层充电，电极电势发生变化。此时引起电势初期不断变化的主要原因是电化学极化。

（3）*CD* 段。随着电化学反应的进行，电极表面上的反应物不断消耗，产物不断生成，由于液相扩散传质过程的迟缓性，电极表面反应物粒子浓度开始下降，产物粒子浓度开始上升，浓差极化开始出现；并且这种浓差极化状态随着时间由电极表面向溶液本体深处不断扩散，电极表面上粒子浓度持续变化。因此，这一阶段电势-时间响应曲线上电势变化的主要原因是浓差极化。由上述分析可知，电阻极化（即溶液欧姆压降）、电化学极化和浓差极化这 3 种极化对时间的响应各不相同，电阻极化响应最快，电化学极化响应较慢，浓差极化响应最慢。即电极极化建立的顺序是：电阻极化、电化学极化和浓差极化。

(4) *DE* 段。随着电极反应的进行，电极表面上反应物粒子的浓度不断下降，当电极反应持续一段时间后，反应物的表面浓度下降为零，即 $c_0(0, t)=0$，达到了完全浓差极化。此时，电极表面上已无反应物粒子可供消耗，在给定电流的趋势下到达电极界面上的电荷不能再被电荷传递过程所消耗，因而改变了电极界面上的电荷分布状态，也就是对双电层进行快速充电，电极电势发生突变，直至达到另一个传荷过程发生的电势为止。我们常常把从对电极进行恒电流极化到反应物表面浓度下降为零、电极电势发生突跃所经历的时间称为过渡时间，用 τ 表示。在控制电流阶跃暂态测量中 τ 是一个非常有用的量。

3.2.2 常见的阶跃电流波形

控制电流阶跃的波形有如下几类（见图 3-9）。

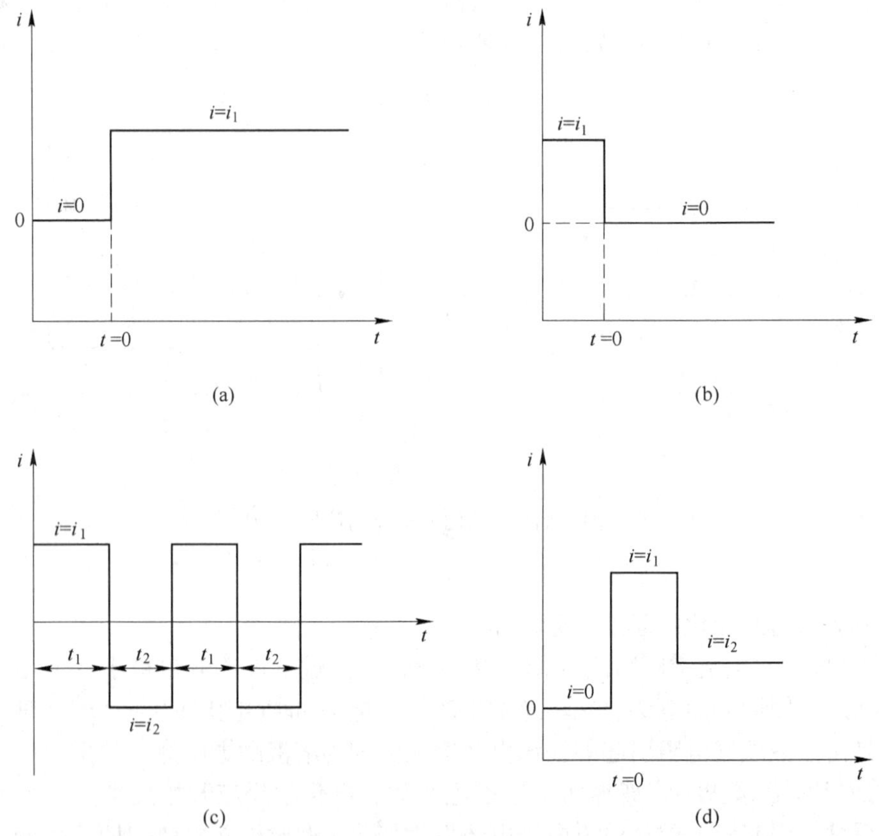

图 3-9 几种常用的控制电流波形

(a) 单电流阶跃；(b) 断电流；(c) 方波电流；(d) 双脉冲电流

(1) 单电流阶跃。在开始实验以前，电流为 0；实验开始（$t=0$）时，电流由 0 突跃到某一数值，直至实验结束。电流波形如图 3-9（a）所示。

(2) 断电流。在开始实验前，通过电极的电流为某一恒定值，当电极过程达到稳态后，实验开始（$t=0$），电极电流 i 突然切断为零。电流波形图如图 3-9（b）所示。在电流切断的瞬间，电极的欧姆极化消失为零。

（3）方波电流。电极电流在某一指定恒值 i_1 下持续 t_1 时间后，突然跃变为另一指定恒值 i_2，持续 t_2 时间后，又突变回 i_1 值，再持续 t_1 时间。如此反复多次，形成方波电流。当 $t_1=t_2$，$i_1=-i_2$ 时，该方波应称为对称方波，在电化学实验中，采用更多的是对称方波。其波形如图 3-9（c）所示。

（4）双脉冲电流。在暂态实验开始以前，电极电流为零，实验开始（$t=0$）时，电极电流突然跃变到某一较大的指定恒值 i_1，持续时间 t_1 后，电极电流突然跃变到另一较小的指定恒值 i_2（电流方向不变）直至实验结束。通常 t_1 很短（0.5～1μs），$i_1>i_2$。电流波形如图 3-9（d）所示。一般情况下双脉冲电流法可提高电化学反应速率的测量上限，这时所测的标准反应速率常数可达到 $k^{\ominus}=10\text{cm/s}$。

3.2.3 控制电流阶跃的一般理论

假设使用平板电极，不搅拌溶液，研究电极反应 $\text{O}+ne^- \longrightarrow \text{R}$，最初仅有浓度为 $c_\text{O}{}^*$ 的 O 存在，还原态 R 起始不存在，这些条件与 3.1.3 节相同，因此有同样的扩散方程和边界条件：

$$\frac{\partial c_\text{O}(x,\ t)}{\partial t} = D_\text{O}\left[\frac{\partial^2 c_\text{O}(x,\ t)}{\partial x^2}\right] \tag{3-56}$$

$$\frac{\partial c_\text{R}(x,\ t)}{\partial t} = D_\text{R}\left[\frac{\partial^2 c_\text{R}(x,\ t)}{\partial x^2}\right] \tag{3-57}$$

$$c_\text{O}(x,\ 0) = c_\text{O}^*,\ c_\text{R}(x,\ 0) = 0 \tag{3-58}$$

$$c_\text{O}(\infty,\ t) = c_\text{O}^*,\ c_\text{R}(\infty,\ t) = 0 \tag{3-59}$$

$$D_\text{O}\left[\frac{\partial c_\text{O}(x,\ t)}{\partial x}\right]_{x=0} + D_\text{R}\left[\frac{\partial c_\text{R}(x,\ t)}{\partial x}\right]_{x=0} = 0 \tag{3-60}$$

由于施加的电流是已知的，所以任何时刻电极表面的流量是已知的。

$$D_\text{O}\left[\frac{\partial c_\text{O}(x,\ t)}{\partial x}\right]_{x=0} = \frac{i(t)}{nFA} \tag{3-61}$$

由于式（3-61）包含浓度梯度，故可在求解扩散方程时无须考虑电子转移速率，参照 3.1.3 节，对式（3-56）～式（3-59）求解可得：

$$\overline{c_\text{O}}(x,\ s) = \frac{c_\text{O}^*}{s} + A(s)\mathrm{e}^{-\left(\frac{s}{D_\text{O}}\right)^{1/2}\cdot x} \tag{3-62}$$

$$\overline{c_\text{R}}(x,\ s) = B(s)\mathrm{e}^{-\left(\frac{s}{D_\text{O}}\right)^{1/2}\cdot x} \tag{3-63}$$

式中，$B(s)=-A(s)\left(\dfrac{D_\text{O}}{D_\text{R}}\right)^{1/2}$，对式（3-61）进行 Laplace 变换得到：

$$D_\text{O}\left[\frac{\partial \overline{c_\text{O}}(x,\ s)}{\partial x}\right]_{x=0} = \frac{\bar{i}(s)}{nFA} \tag{3-64}$$

将式（3-62）代入式（3-64）求得：

$$A(s) = -\frac{\bar{i}(s)}{nFAD_\text{O}{}^{1/2}s^{1/2}} \tag{3-65}$$

故

$$\overline{c_O}(x,s)=\frac{c_O^*}{s}-\left[\frac{\bar{i}(s)}{nFAD_O^{1/2}s^{1/2}}\right]e^{-\left(\frac{s}{D_O}\right)^{1/2}\cdot x} \tag{3-66}$$

$$\overline{c_R}(x,s)=\left[\frac{\bar{i}(s)}{nFAD_R^{1/2}s^{1/2}}\right]e^{-\left(\frac{s}{D_O}\right)^{1/2}\cdot x} \tag{3-67}$$

下面就不同的控制电流做简单介绍。

(1) 如果在恒电流下电解，$i(t)$ 是常数，那么 $\bar{i}(s)=i/s$，式（3-66）变为：

$$\overline{c_O}(x,s)=\frac{c_O^*}{s}-\left[\frac{i}{nFAD_O^{1/2}s^{3/2}}\right]e^{-\left(\frac{s}{D_O}\right)^{1/2}\cdot x} \tag{3-68}$$

逆变换得到：

$$c_O(x,t)=c_O^*-\frac{i}{nFAD_O}\left\{2\left(\frac{D_Ot}{\pi}\right)^{1/2}\exp\left(-\frac{x^2}{4D_Ot}\right)-x\mathrm{erfc}\left[\frac{x}{2(D_Ot)^{\frac{1}{2}}}\right]\right\} \tag{3-69}$$

当 $x=0$ 时，由式（3-69）可得到 $c_O(0,t)$

$$c_O(0,t)=c_O^*-\frac{2it^{1/2}}{nFAD_O^{1/2}\pi^{1/2}} \tag{3-70}$$

我们把从加恒电流电解开始，$c_O(0,0)=c_O^*$ 到 $c_O(0,\tau)=0$ 的时间 τ 叫作过渡时间，当 $t=\tau$ 时，可得到：

$$\frac{i\tau^{1/2}}{c_O^*}=\frac{nFAD_O^{1/2}\pi^{1/2}}{2}=85.5nAD_O^{1/2} \tag{3-71}$$

式中，i 的单位为 mA；τ 的单位为 s；c_O^* 的单位为 mmol/L；A 的单位为 cm^2。此式最初称为 Sand 方程。

当 $t>\tau$ 时，到达电极表面的 O 的流量不足以满足施加的电势，以达到外加电流 i 所对应的电量，电极电势将迅速变化，引起新的电极反应，如图 3-8（b）所示。在已知电流下，由 $E-t$ 曲线测量得到的 τ 值，可用来确定电活性物质的浓度 c_O^* 和扩散系数 D_O，这就是计时电势法分析的基础。

若对氧化态（$0\leqslant t\leqslant\tau$）使用无量纲参数 $\frac{c_O(x,t)}{c_O^*}$、$\frac{t}{\tau}$、$X_O=\frac{x}{2(D_Ot)^{\frac{1}{2}}}$，可以把式（3-69）改写成

$$\frac{c_O(x,t)}{c_O^*}=1-\left(\frac{t}{\tau}\right)^2\left[\exp(-X_O^2)-\pi^{\frac{1}{2}}X_O\mathrm{erfc}(X_O)\right] \tag{3-72}$$

当 $x=0$ 时有

$$\frac{c_O(x,t)}{c_O^*}=1-\left(\frac{t}{\tau}\right)^2 \tag{3-73}$$

同样对于还原态（$0\leqslant t\leqslant\tau$）时，

$$\frac{c_R(x,t)}{c_R^*}=\xi\left(\frac{t}{\tau}\right)^{1/2}\left[\exp(-X_R^2)-\pi^{\frac{1}{2}}X_R\mathrm{erfc}(X_R)\right] \tag{3-74}$$

$$c_R(0,\ t) = \frac{2it^{1/2}}{nFA\pi^{1/2}D_R^{\ 1/2}} = \xi\left(\frac{t}{\tau}\right)^{1/2} c_O^* \tag{3-75}$$

式中，$X_R = \dfrac{x}{2(D_R t)^{\frac{1}{2}}}$，$\xi = (\dfrac{D_O}{D_R})^{1/2}$。

（2）如电流按照特定的程序随时间变化，如随时间线性变化的电流，$i\ (t)=\beta t$，类似于恒电流电解的处理，此时的电流变换形式是

$$\bar{i}(s) = \frac{\beta}{s^2} \tag{3-76}$$

当 $x=0$ 时，式（3-66）变为

$$\overline{c_O}(0,\ s) = \frac{c_O^*}{s} - \frac{\beta}{nFAD_O^{1/2}s^{5/2}} \tag{3-77}$$

$$c_O(0,\ t) = c_O^* - \frac{2\beta t^{3/2}}{nFAD_O^{\frac{1}{2}}\Gamma\left(\frac{5}{2}\right)} \tag{3-78}$$

式中，$\Gamma\left(\dfrac{5}{2}\right)$是数学上的伽马函数。

若 $i(t) = \beta t^{1/2}$

$$\bar{i}(s) = \frac{\beta\pi^{1/2}}{2s^{3/2}} \tag{3-79}$$

则

$$\overline{c_O}(0,\ s) = \frac{c_O^*}{s} - \frac{\beta\pi^{1/2}}{2nFAD_O^{1/2}s^2} \tag{3-80}$$

$$c_O(0,\ t) = c_O^* - \frac{\beta\pi^{1/2}t}{2nFAD_O^{\frac{1}{2}}} \tag{3-81}$$

在控制电流条件下，测量电极电势随时间的变化称为计时电势法。以下就恒电流电解过程中的电势-时间曲线做简单介绍。

3.2.4 控制电流阶跃的电势-时间曲线特征

3.2.4.1 可逆过程

因快速反应遵从 Nernst 方程，故把式（3-73）和式（3-75）代入 Nernst 方程式，得到

$$E = E_{\tau/4} + \frac{RT}{nF}\ln\left(\frac{\tau^{1/2} - t^{1/2}}{t^{1/2}}\right) \tag{3-82}$$

式中，$E_{\tau/4}$ 为 $t=\tau/4$ 时的电势。

当电化学反应为可逆过程时，$E - \lg\left(\dfrac{\tau^{1/2} - t^{1/2}}{t^{1/2}}\right)$ 为线性关系，其斜率为 2.303RT/nF，或 $|E_{\tau/4}-E_{3\tau/4}|$ =47.9mV（25℃）

$$E_{\tau/4} = E^{\ominus'} - \frac{RT}{2nF}\ln\left(\frac{D_O}{D_R}\right) \tag{3-83}$$

3.2.4.2 完全不可逆过程

对一个完全不可逆过程电流-电势关系如下

$$i = nFAk^{\ominus} c_O(0,\ t)\exp\left[\frac{-\alpha n_\alpha F(E - E^{\ominus'})}{RT}\right] \tag{3-84}$$

将式（3-73）代入式（3-84）得到

$$E = E^{\ominus'} + \frac{RT}{\alpha n_\alpha F}\ln\left(\frac{nFAc_O^* k^{\ominus}}{i}\right) + \frac{RT}{\alpha n_\alpha F}\ln\left[1 - \left(\frac{t}{\tau}\right)^{1/2}\right] \tag{3-85}$$

与 Sand 方程结合，得到

$$E = E^{\ominus'} + \frac{RT}{\alpha n_\alpha F}\ln\left(\frac{2k^{\ominus}}{(\pi D_O)^{1/2}}\right) + \frac{RT}{\alpha n_\alpha F}\ln(\tau^{1/2} - t^{1/2}) \tag{3-86}$$

由此可见，对完全不可逆过程，随着电流的增加，E-t 曲线向负方向移动。

3.2.4.3 准可逆过程

对准可逆过程，联立式（3-73）、式（3-75）与电流-电势方程式

$$\frac{i}{i_0} = \frac{c_O(0,\ t)\exp(-\alpha n\eta F/RT)}{c_O^*} - \frac{c_R(0,\ t)\exp(\beta n\eta F/RT)}{c_R^*}$$

可得到普遍的 E-t 关系

$$\frac{i}{i_0} = \left[1 - \frac{2i}{nFAc_O^*}\left(\frac{t}{\pi D_O}\right)^{1/2}\right]e^{-\alpha n\eta F/RT} - \left[1 + \frac{2i}{nFAc_R^*}\left(\frac{t}{\pi D_R}\right)^{1/2}\right]e^{\beta n\eta F/RT} \tag{3-87}$$

使用电流密度 j 和异相反应速率常数可得到

$$j = k_c\left[nFc_O^* - 2j\left(\frac{t}{\pi D_O}\right)^{\frac{1}{2}}\right] - k_a\left[nFc_R^* - 2j\left(\frac{t}{\pi D_R}\right)^{\frac{1}{2}}\right] \tag{3-88}$$

当 $c_R^* = 0$ 时

$$j = k_c nFc_O^* - \frac{2jt^{1/2}}{\pi^{1/2}}\left(\frac{k_c}{D_O^{1/2}} + \frac{k_a}{D_R^{1/2}}\right) \tag{3-89}$$

式中，k_c、k_a 分别表示还原反应和氧化反应的速率常数。

通常，研究准可逆电极反应动力学用的恒电流技术使用小电流微扰，即 η 较小，式（3-87）可线性化

$$-\eta = \frac{RT}{nF}i\left[\frac{2t^{\frac{1}{2}}}{nFA\pi^{\frac{1}{2}}}\left(\frac{1}{c_O^* D_O^{\frac{1}{2}}} + \frac{1}{c_R^* D_R^{\frac{1}{2}}}\right) + \frac{1}{i_0}\right] \tag{3-90}$$

这样，小 η 下，η 与 $t^{\frac{1}{2}}$ 呈线性关系，从截距可求得 i_0。这一方法和电势阶跃方法类似。

3.2.5 控制电流技术的应用

3.2.5.1 恒电流法测量电极过程动力学参数

经典恒电流的方法就是利用一组高压直流电源串联一高阻值的可变电阻，由于电极极化、钝化等原因引起电解池等效电阻的变化相对于电路中这一高阻极小，电流主要由这一高阻来控制，电阻调完后电流即可维持不变，这是最简单易行的恒流电源，图 3-10 所示

为其原理示意图。

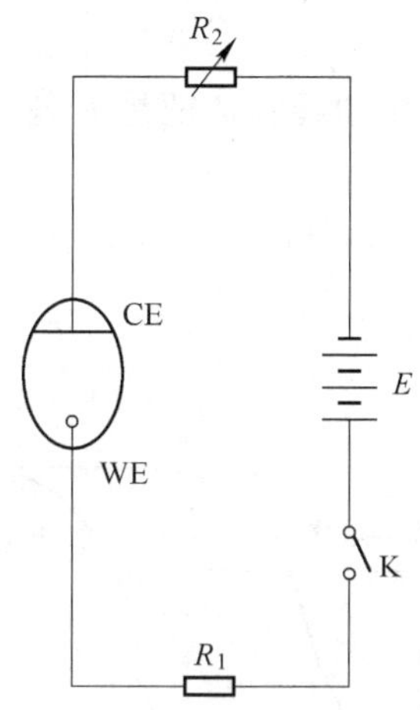

图 3-10　经典恒电流电路原理图

图 3-10 中，R_1 和 R_2 均为大电阻，其电阻之和记为 $R_{大}$，远大于电解池的等效电阻 $R_{池}$，即 $R_{大}>>R_{池}$。则根据 $i=\frac{E}{R_{大}+R_{池}}$，可知 $i\approx\frac{E}{R_{大}}$，从而起到恒电流的作用。

恒电流法是经典的三电极法，待测电极可以是静止式的，也可以是非静止式的。恒电流极化曲线测量原理如图 3-11 所示。对应每一个极化电流 i 可以测量出其电极电势 E。较好的恒电流极化曲线应保障电流数值有 3 个数量级的大小差别，即极化电流的最大值与最小值的比值不小于 10^3。

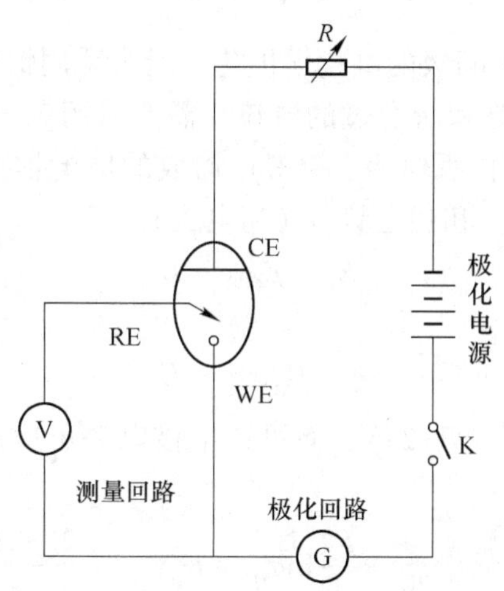

图 3-11　恒电流测量示意图

根据实验直接测量得到的极化电流 i 和极化电极电势 E 的数据就可以绘出恒电流极化曲线，如图 3-12 所示。比较两条曲线可以看出，当极化电流相同时，后一条曲线的极化大一些，因此半波电势也负一些（阴极极化时）。

对于浓差极化，通过电极过程动力学理论可分别导出以下两种情况的极化公式。

（1）反应产物为独立相，如气泡或固相沉积层等，其极化公式为

$$E = E_{eq} + \frac{RT}{nF}\ln\frac{i_d - i}{i} \tag{3-91}$$

式中，i_d 为极限扩散电流，这种极化曲线的特征是 E 与 $\ln\frac{i_d - i}{i}$ 之间存在线性关系，直线的斜率为$\frac{RT}{nF}$，因而根据极化曲线的斜率可以求出电极反应所涉及的电子数 n。

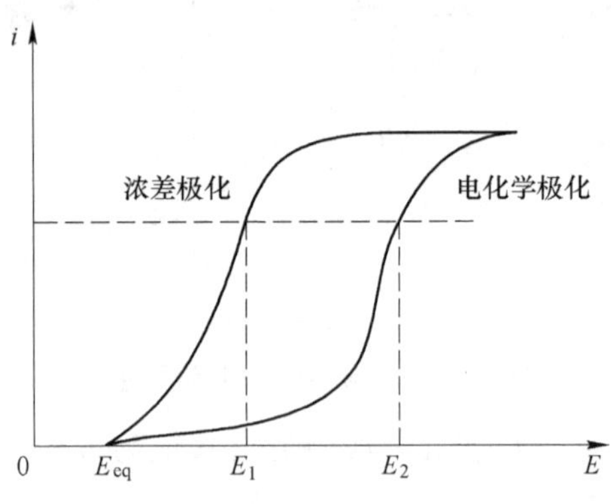

图 3-12　极化曲线示意图

（2）反应产物可溶，如在液相中溶解或形成汞齐等，其极化公式为：

$$E = E_{1/2} + \frac{RT}{nF}\ln\frac{i_d - i}{i} \tag{3-92}$$

这种极化曲线的特征是 E 与 $\ln\frac{i_d-i}{i}$之间存在线性关系，根据其斜率和截距同样可以求得电子数 n 和半波电势 $E_{1/2}$。对于阴极的电化学极化，通常采用恒电流法测得极化曲线。为了同时测试研究电极的电极电势和所通过的电流，需要采用三电极测量系统，即工作电极、辅助电极和参比电极（饱和甘汞电极，SCE）构成的原电池的电动势 E，求出研究电极（阴极）的不可逆电极电势 E_c 和超电势 η（超电压）。

$$E_c = E_{SCE} - E \tag{3-93}$$

和

$$\eta = E_{H^+/H_2} - E_c \tag{3-94}$$

式中，$E_{SCE} = 0.241 - 7.6\times10^{-4}$（$T-25$），而可逆电极电势可应用电极电势的能斯特公式计算，即

$$E_{H^+/H_2} = E^{\ominus}_{H^+/H_2} - \frac{RT}{F}\ln a_{H^+} = E^{\ominus}_{H^+/H_2} + \frac{2.303RT}{F}\mathrm{pH} \tag{3-95}$$

如改变通过的电流 i，亦即改变电流密度 j，还可测试相应的 E，从而计算出 E_c 和 η。这样，以 η 对 j 作图，得到阴极极化曲线。

根据迟缓放电理论可以推证出电化学极化较大范围内的塔菲比公式，即

$$\eta = \frac{RT}{anF}\ln j_0 + \frac{RT}{anF}\ln j \tag{3-96}$$

式中，j_0 是交换电流密度；T 是热力学温度；F 是法拉第常数；n 是电荷数；a 是传递系

数，代表电化学反应步骤活化能阴极反应所占分数。令

$$a=\frac{RT}{anF}\ln j_0=\frac{2.303RT}{anF}\lg j_0 \tag{3-97}$$

$$b=\frac{2.303RT}{anF} \tag{3-98}$$

则式（3-96）可以改写为 $\eta=a+b\lg j$，由式（3-96）和式（3-98）可知

$$a=\frac{2.303RT}{bnF} \tag{3-99}$$

$$\lg j_0=-\frac{a}{b} \tag{3-100}$$

当电解质溶液的组成和溶度、温度、电极材料及表面状态固定不变时，a 和 b 是常数，与 j 的大小无关。由式（3-98）可知 η 随 $\lg j$ 线性变化。但是极化很小的范围内，根据迟缓放电理论推证出的公式为

$$\eta=\frac{RT}{nFj_0}j \tag{3-101}$$

若 η 很大，即 j 超出一定范围，电极反应已不仅仅为电化学反应步骤所控制，且出现了溶度极化。再根据关系式

$$j_0=nFk^{\ominus}c_{\mathrm{O}}^{(1-a)}c_{\mathrm{R}}^{a} \tag{3-102}$$

可求出 $k^{\ominus}$，$k^{\ominus}$为电极反应的标准速率常数。而 c_{O} 和 c_{R} 分别为电极反应的氧化态和还原态物质的溶度。

经典的恒流极化曲线法（或稳态极化曲线）侧重电化学步骤的动力学参数，只有当不发生溶差极化或溶差极化的影响很容易加以校正时才适用。例如当反应粒子浓度为 10^{-3}mol/mL 时，在一般的电解池中由于自然对流所引起的搅拌作用可以允许通过约为 10^{-2}A/cm^2 的电流密度而不发生严重的浓度极化。此种情况下若电化学极化 $\eta\geqslant100$mV，且 $a=0.5$，$n=1$，则可根据电化学极化公式计算出 $j_0\leqslant10^{-3}$A/cm^2。若再假设 $c_{\mathrm{O}}=c_{\mathrm{R}}=10^{-3}$mol/mL，则可求得 $k^{\ominus}\leqslant10^{-5}$cm/s。大致可以将这些数值看作是经典测量中化学步骤动力学参数的上限。

3.2.5.2 电极表面覆盖层的研究

（1）测量电极表面覆盖层。覆盖层在电极表面上的消长，消耗了外加电流的绝大部分，所以在控制电流阶跃极化时，由于覆盖层的消长，双电层充电电流大为降低，电极电势的变化率也大为降低，在超电势-时间曲线上出现一个“超电势平阶”，如图 3-13 所示。以平阶的过渡时间 τ_θ 乘以外加的电流阶跃幅值 i，即为用于覆盖层消长的电量 Q_θ：

$$Q_\theta=i\tau_\theta \tag{3-103}$$

根据电量 Q_θ 可以计算吸附层的表面覆盖度或成相层的厚度。吸附层表面覆盖度 θ 的计算公式为：

$$\theta=\frac{Q_\theta}{nqNA} \tag{3-104}$$

式中，Q_θ 为用于吸附层消长的电量；n 为电极反应的得失电子数；q 为电子电荷，$q=1.60\times10^{-19}C$；N 为单位电极表面上的原子数目，可由电极表面的晶型稀晶格常数计算得到，在

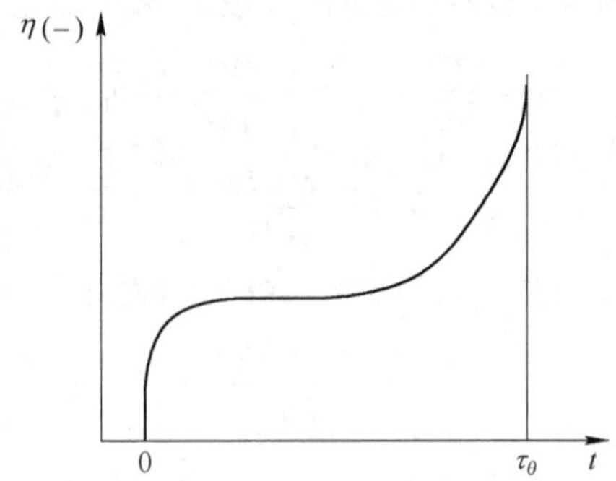

图 3-13 控制电流阶跃实验中出现电极表面覆盖层时的超电势-时间曲线

此假设每个电极原子为一个吸附空位；A 为电极的真实表面积。

成相层厚度 δ 的计算公式为：

$$\delta = \frac{Q_\theta M}{nF\rho A} \tag{3-105}$$

式中，Q_θ 为用于成相层消长的电量；n 为电极反应的得失电子数；M 为成相层物质的摩尔质量；ρ 为成相层物质的密度；A 为电极的真实表面积。

式（3-104）中的分母表示电极表面完全吸附时所需的电量，式（3-105）实质上就是法拉第定律的变形。

恒电流阳极溶解法测定金属镀层的厚度（电解法测厚度）以及恒电流阴极还原法测定金属腐蚀产物的厚度，都是依据式（3-105）的原理进行的。

（2）判定反应物的来源。如果反应物来源于溶液，通过扩散过程到达电极表面参与电化学反应，在控制电流阶跃实验中，过渡时间 τ 内所消耗的电量为 $Q = i\tau = \dfrac{n^2F^2\pi D_O c_O^{*2}}{4i}$

可见，Q 反比于电流阶跃幅值 i。即 i 越小，过渡时间内所消耗的电量越大。这是因为溶液中的反应物可以源源不断地补充到电极表面上来的缘故。

如果用不同的 i 值进行控制电流阶跃实验，则可得到一系列的 Q 值。用 $Q - \dfrac{1}{i}$ 作图，可得到一条通过原点的直线，如图 3-14 中的直线 A 所示，其斜率为

$$\frac{\mathrm{d}Q}{\mathrm{d}\left(\dfrac{1}{i}\right)} = \frac{1}{4}n^2F^2\pi D_O c_O^{*2} \tag{3-106}$$

由直线的斜率及 n、D_O，可求得 c_O^*。

上述关系式与电极反应的可逆性及机理无关，只要反应物来源于溶液，就有 $Q \propto \dfrac{1}{i}$ 的关系。

如果反应物不是来自溶液深处，而是预先吸附在电极上或者是以异相膜形式存在于电极表面，则这些反应物消耗至零所需的电量 Q_θ 为一常数，与 i 无关。用 $Q \propto \dfrac{1}{i}$ 作图应为一条平行于横轴的直线，如图 3-14 中的直线 B 所示。利用 $Q \propto \dfrac{1}{i}$ 曲线的不同特征，可以判

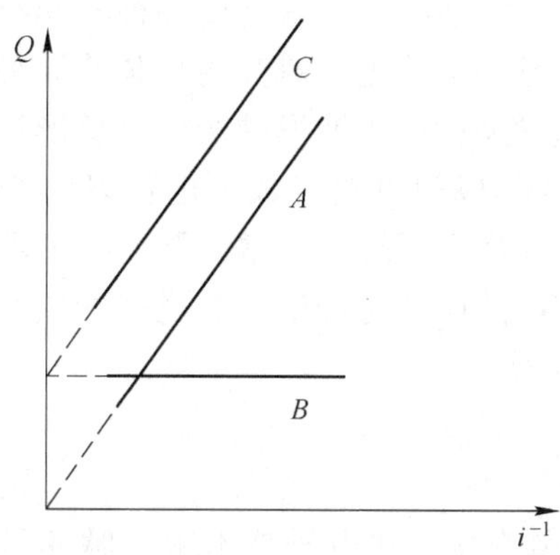

图 3-14 控制电流阶跃实验中 $Q \propto i^{-1}$ 关系曲线

断反应物的来源。对于反应物既有来源于溶液深处又有来源于电极表面的情况，则有

$$Q = \frac{n^2F^2\pi D_O c_O^{*2}}{4i} + Q_\theta \tag{3-107}$$

此时，用 $Q \propto \frac{1}{i}$ 作图，应为一条不过原点的直线，如图 3-14 中的直线 C 所示。

3.2.5.3 恒电流暂态研究氢在铂电极上的析出机理

关于氢的析出机理已进行了大量的研究。在不同金属上氢的析出机理不同，可用控制电流暂态法来研究。

（1）析出机理分析。氢的析出反应历程中可能出现的表面步骤主要涉及下列方程。

1）电化学步骤：$H^+ + e \longrightarrow MH$。

2）复合脱附步骤：$MH + MH \longrightarrow H_2$。

3）电化学脱附步骤：$H^+ + MH + e \longrightarrow H_2$。

若电化学步骤是控制步骤，则电极表面吸附氢原子的浓度应很小，氢原子的吸附覆盖度 θ_H 应远小于 0.01，此时符合“迟缓放电机理”；如果复合脱附步骤或电化学脱附步骤是控制步骤，则应有 $0.1 < \theta_H < 1$，即氢原子的吸附覆盖度比较大，此时符合“复合机理”。

（2）实验。实验中先以一定的电流密度对铂电极进行阴极极化，也就是铂电极以一定的速度发生氢原子的吸附反应。当反应达到稳态时，用快速电子开关把电极从稳态阴极极化转换到阳极极化，时间要短（不超过 10^{-6}s），以保证电流换向时间内表面氢原子浓度来不及发生明显变化，与此同时，记录下电势随时间变化的波形。其电流换向阶跃实验中的电流信号与相应的电势-时间响应曲线外形与图 3-8 一样。从响应曲线上可以测出过渡时间为 τ。

因此，单位电极面积上吸附氢离子溶解所需的电量为

$$Q_\theta = i\tau \tag{3-108}$$

当知道单位面积上的铂原子数目 N 时，假设每个铂原子是一个氢的吸附位，则有 $\theta = Q_\theta / nqN$，可求得其覆盖度，进而确定其析出机理。

3.3 脉冲技术

脉冲技术是现代电子技术的一个重要内容，在计算机、自动控制、自动检测、信息传

送等方面有着广泛的应用。在数字系统中，常需要各种不同类型的脉冲信号。脉冲电路就是产生脉冲信号变换的电路。脉冲电路主要研究的是脉冲波形的产生、整形、变换与控制等。随着集成电路技术的迅速发展，用于波形的产生、整形、变换的电路形式有很多，它们可以由门电路或 TTI、CMOS 集成门电路组成，也可以由 555 集成定时器组成，目前广为应用的是 555 集成定时器。在数字系统中，常常需要各种不同频率、不同宽度和不同幅值的脉冲信号。为了保证数字电路中的脉冲信号有足够的幅度和一定的转换速度，必须对脉冲信号的波形提出一定的要求。

3.3.1 原理

“脉冲”含有脉动和短促的意思。在电子技术中，脉冲是指作用时间极短的电压或电流。通常把各种非正弦波的信号称为脉冲信号。脉冲信号可以是周期的，也可以是非周期的。

（1）脉冲信号的产生。数字电路中经常需要各种脉冲信号，例如时序电路的时钟输入信号等，这些信号都是通过各种方波振荡器产生的。常见的方波振荡器电路有两种：1）能输出频率稳定性要求不高而频率可调的 RC 振荡器，这种电路广泛使用于普通电子设备和简单的控制电路中；2）稳定性要求极高的晶体振荡器电路，例如计算机的时钟信号、钟表的时钟信号等。

（2）脉冲信号的变换：

1）非方波信号变换为方波信号。数字电路接收的输入信号只能是高低电平交替变化的比较陡峭的方波信号，如果输入信号为正弦波、三角波等非方波时，电路无法正常工作，需将其转换为方波。

非方波转换为方波实际上是利用半导体器件的非线性特性来实现的。可以用二极管、三极管电路来实现，也可以使用施密特触发器电路来实现。

2）方波的频率变换。信号的变换有时需要对信号的频率进行变换。有时给定的输入信号频率高于所需的信号频率，这时需要将其频率降低；有时给定的信号频率较低，需将其频率提高。

①频率提升。要提升信号的频率，可以通过倍频器或锁相环电路来实现。

②频率降低。频率的降低一般通过分频器来实现，在模拟电子电路中没有分频器，数字电路中的计数器具有分频的功能。

③方波占空比的改变。前面介绍了方波频率的变换，但有些情况需要频率保持不变，而对方波的占空比（高电平或低电平占整个周期的比例）进行适合的调整。其实，占空比的调整就是脉冲宽度的调整，通过单稳态电路就可以实现其功能。

3.3.2 常见的脉冲波形

常见的脉冲波形有方波、矩形波、锯齿波、阶梯波等。其波形如图 3-15 所示。

各种脉冲波的形成，需要相应的脉冲电路来产生。脉冲电路一般由两部分组成，即开关电路与线性电路。利用开关电路（如晶体管、集成逻辑门电路）产生脉冲的瞬态过程，可以实现脉冲的突变性；利用线性电路（如电阻、电容构成的 RC 电路）控制瞬态过程的快慢和状态，可以得到不同脉冲波形。

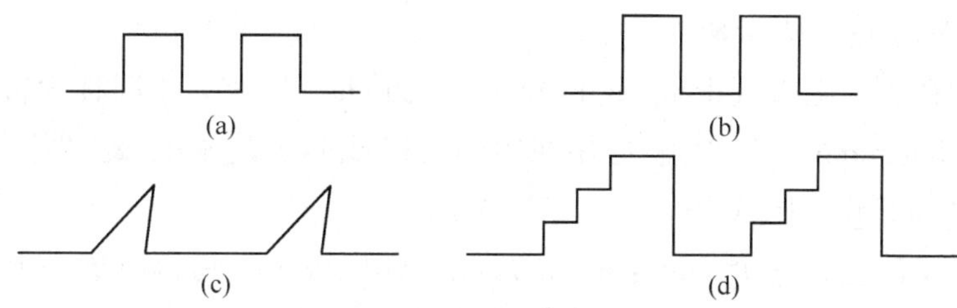

图 3-15 常见的脉冲波形
(a) 方波；(b) 矩形波；(c) 锯齿波；(d) 阶梯波

3.3.3 库仑脉冲法

库仑脉冲法技术是在开路电极电势上，在 1μs 时间范围内，加上一个电荷阶跃。选择这样的条件就是使得只有双电层被充电，即使是快速反应发生的程度也非常小。脉冲后电极回到最初的状态，发电，导致电流能量用于引起法拉第反应。其优点是用于测量的溶液可具有较高的电阻，只要测量在开路状态下进行，不需要支持电解质。

通用的方程为

$$i_{\mathrm{f}} = -i_{\mathrm{c}} = -c_{\mathrm{d}}\frac{\mathrm{d}\eta}{\mathrm{d}t} \tag{3-109}$$

和

$$\eta(t) = \eta(t=0) + \frac{1}{c_{\mathrm{d}}}\int_0^t i_{\mathrm{f}}\mathrm{d}t \tag{3-110}$$

需要考虑两种特殊情况。

（1）小幅阶跃，不产生明显的浓度梯度，由方程（3-110）有：

$$\eta(t) = \eta(t=0)\exp\left(\frac{-t}{\tau_{\mathrm{c}}}\right) \tag{3-111}$$

式中

$$\tau_{\mathrm{c}} = \frac{RTc_{\mathrm{d}}}{nFi_0} \tag{3-112}$$

（2）大幅阶跃，足以达到伏安波的平台并且 c_{d} 与电势无关，将 Cottrell 方程代入式（3-110）有

$$\Delta E = |E(t) - E(t=0)| = \frac{2nFAD_{\mathrm{O}}^{1/2}c_{\mathrm{O}}^{*}t^{1/2}}{\pi^{1/2}c_{\mathrm{d}}} \tag{3-113}$$

E-$t^{1/2}$ 是线性的，其斜率与浓度成正比。

3.3.4 脉冲伏安法

电势阶跃是脉冲伏安法的基础。脉冲技术是从滴汞电极发展起来的，目的是与汞滴的生长同步，通过在汞滴寿命的末端进行电流取样，以减小充电电流的贡献。加入脉冲电势后，充电电流比法拉第电流衰减快。在脉冲的末端测量电流，这种形式的取样法可以增加灵敏度，提高信噪比，能够更好地进行应用分析。对于固体电极，应用脉冲伏安法可以消除由于吸附导致对电极反应的阻碍作用。下面简单介绍一些不同形式的脉冲伏安法。

3.3.4.1 常规脉冲伏安法

该方法应用在滴汞电极（dropping mercury electrode，DME）上时称为常规脉冲极谱法（normal pulse polarography，NPP）；应用在固体电极或静态滴汞电极上时，该方法称为常规脉冲伏安法（normal pulse voltammetry，NPV）。

常规脉冲伏安法选择一个基准电势 E_b 加在工作电极上，通常在这一电势下不发生电极反应，没有法拉第电流，在时刻 τ'，电势阶跃到 E 并维持约 20~60ms，在脉冲结束前的 τ 时刻测量其电流值。脉冲结束后，电势阶跃回基准电势，开始下一个周期的循环。每次脉冲的 τ'、τ、ΔE 都是相同的。图 3-16 所示为电势信号与电流响应曲线，其电流表达式为

$$i(t)=\frac{nFAD_O^{1/2}}{\pi^{1/2}(\tau-\tau')}[c_O^*-c_O(0,t)] \tag{3-114}$$

法拉第平台电流为

$$i_d=\frac{nFAD_O^{1/2}c_O^*}{\pi^{1/2}(\tau-\tau')^{1/2}} \tag{3-115}$$

式中，$\tau-\tau'$ 为阶跃脉冲宽度。

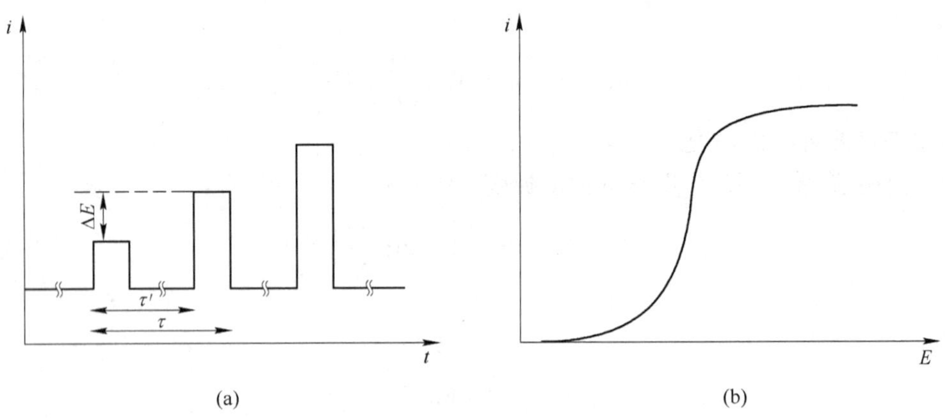

图 3-16 常规脉冲伏安法电势波形（a）和 i-E 曲线示意图（b）

用常规脉冲伏安法，研究电极反应 $A+ne^-═B$ 具有一些优点。在扫描开始时，起始电势选择在一适宜值 E_b，此时无 $A+ne^-═B$ 的电极反应发生，但当加脉冲使电极电势达到较负的值时，发生还原反应，在电极表面产生了 B。脉冲结束时，电极电势又回复到起始电势，若为可逆体系，电极表面的 B 又将迅速氧化为 A。因此在加入脉冲电压之间的时间，电极表面周期地被清洗，这样也就周期地被更新。若 B 为淀积在电极表面或吸附在电极表面上的固态物质时，周期地清洗电极表面使其具有滴汞电极的优点。当然，若电极过程为完全不可逆过程，便无此优点。不可逆体系的常规脉冲伏安测定宜在搅拌条件下进行。

3.3.4.2 差示脉冲伏安法

差示脉冲伏安法（differential pulse voltammetry，DPV）的电势波形如图 3-17 所示。

由图 3-17 可见，差示脉冲伏安法的电势波形可看作一个阶梯波基准电势和一系列短的电势脉冲波形的叠加。阶梯波基准电势的电势增量通常较小，典型值为（$10/n$）mV。脉冲波形的脉冲高度 ΔE 是固定的，典型值为（$50/n$）mV。脉冲的宽度要比阶梯波的周期短得多，通常小于阶梯波周期的 1/10。在阶梯波的初始电势下没有电化学反应发生。在脉冲结束前的 τ 时刻和施加脉冲前的 τ' 时刻采集电流信号，并将这两个电流信号相减，作为输出的电流信号，用这个差减得到的电流信号对阶梯波电势作图，即为差示脉冲伏安曲线。如图 3-18 所示。对于满足半无限线性扩散条件的可逆电极而言，峰值电势 E_p 为：

$$E_p = E_{1/2} - \frac{\Delta E}{2} \tag{3-116}$$

相应的峰值电流 i_p 为：

$$i_p = \frac{nFAD_O^{1/2}c_O^*}{\pi^{1/2}(\tau - \tau')^{1/2}}\left(\frac{1-\sigma}{1+\sigma}\right) \tag{3-117}$$

式中

$$\sigma = \exp\left(\frac{nF}{RT}\frac{\Delta E}{2}\right) \tag{3-118}$$

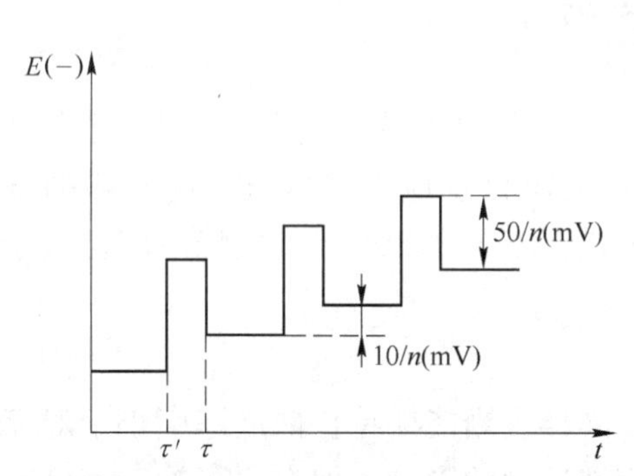

图 3-17　差示脉冲伏安法的电势波形
（n 为 1mol 电化学反应得失电子数目）

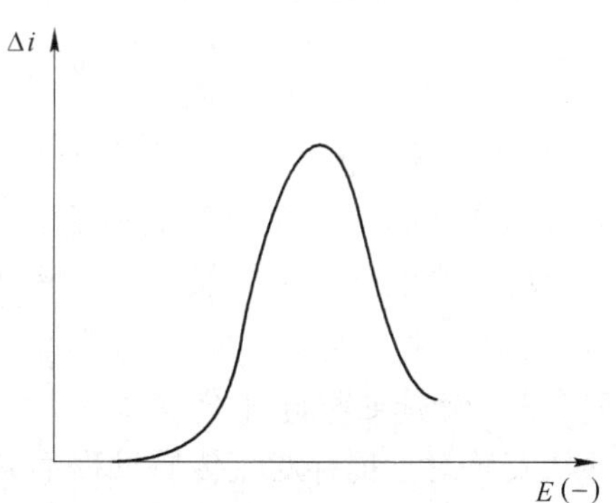

图 3-18 差示脉冲伏安曲线

可以看出，当电势脉冲高度 $|\Delta E|$ 增大时，即 ΔE 由 0 改变到很负的数值时，系数 $(1-\sigma)/(1+\sigma)$ 由 0 变化到 1，峰值电流 i_p 由 0 增大到常规脉冲伏安曲线的极限扩散电流波的高度 $\frac{nFAD_O^{1/2}c_O^*}{\pi^{1/2}(\tau - \tau')^{1/2}}$。因此，DPV 的法拉第峰值电流不会大于 NPV 的法拉第电流。但是，在多数情况下，DPV 优于 NPV，原因是 DPV 更有效地降低了背景电流。

在大部分电势范围内，NPV 的脉冲高度比 DPV 更大，所以，因电势阶跃产生的双电层充电电流更大。

在滴汞电极上，DPP 两次电流取样时，因汞滴面积增大产生的双电层充电电流分别为

$$i_c(\tau) = 0.00567c_i(E_Z - E - \Delta E)m^{2/3}\tau^{-1/3} \tag{3-119}$$

$$i_c(\tau') = 0.00567c_i(E_Z - E)m^{2/3}\tau'^{-1/3} \tag{3-120}$$

式中，E_Z 为零电荷电势。

由式（3-119）、式（3-120）可知，差减电流中这部分双电层充电电流为：

$$\Delta i_c = i_c(\tau) - i_c(\tau') = 0.00567 c_i m^{2/3} \tau^{-1/3}\left[(E_Z - E - \Delta E) - \left(\frac{\tau}{\tau'}\right)^{1/3}(E_Z - E)\right] \tag{3-121}$$

一般情况下，系数 $(\tau/\tau')^{1/3}$ 很接近1，因此，中括号中可简化为$-\Delta E$，因此

$$\Delta i_c \approx -0.00567 c_i \Delta E m^{2/3} \tau'^{-1/3} \tag{3-122}$$

在滴汞电极上，NPP 在电流取样时，因汞滴面积增大产生的双电层充电电流为：

$$i_c = 0.00567 c_i (E_Z - E) m^{2/3} \tau^{-1/3} \tag{3-123}$$

由于$-\Delta E$ 比 (E_Z-E) 小一个数量级以上，比较式（3-122）和式（3-123）可知，DDP 因汞滴面积增大产生的双电层充电电流 Δi_c 比 NPP 小得多。也就是说，DPP 中的双电层充电电流因差减而被极大地扣除了。并且，由式（3-122）可注意到，Δi_c 是不随电势变化的，因此差示脉冲极谱图的电流基线是平的，而非常规脉冲极谱图基线是斜的。总之，DPV 由于降低了背景电流，因而具有更高的检测灵敏度和更低的检测线，在良好控制实验条件下，DPV 的检测线可低至 10^{-12}mol/L。在分辨具有相近半波电势 $E_{1/2}$ 的两个物种方面，DPV 也比 NPV 更为有效。但是脉冲高度 $|\Delta E|$ 增大时，峰的半高宽 $W_{1/2}$ 也随之增大，因此，$|\Delta E|$ 不宜超过 100mV。$|\Delta E|$ 接近 0 时的极限半高宽为：

$$W_{1/2} = \frac{3.52RT}{nF} \tag{3-124}$$

当 $n=1$ 时，25℃下的极限半高宽为 $W_{1/2}=90.4$mV，通常峰分离在 50mV 以上的两个峰才能被分辨出来。同可逆电极反应相比，不可逆的电极反应的峰值电势向扫描的方向移动，即还原反应峰电势更负，氧化反应峰电势更正，不可逆的电极反应峰高度也大于可逆体系。

3.3.4.3 旋转电极脉冲伏安法

脉冲伏安法对于搅拌对流传质过程不灵敏。同样，当能斯特扩散层厚度小于对流建立的截断层时，可以预期，脉冲伏安法不受电极旋转速度的影响，但在很高旋转速度时这个结论不成立。

若脉冲持续时间较短、旋转速度低，电流将遵从 Cottrell 方程。脉冲持续时间较长、旋转速度快，电流将遵从旋转盘电极电流公式——Levich 方程：

$$i_{d,c} = 0.62 nFAD_O^{2/3} \omega^{1/2} \nu^{-1/6} c_O^* \tag{3-125}$$

式中，$i_{d,c}$ 为阴极极限电流；ω 为旋转速度；ν 为动力学黏度。

在对流贡献较小时，常规脉冲伏安极限电流为：

$$i_d = nFAD_O c_O^* \left[\frac{1}{[\pi(\tau - \tau')]^{1/2}} + \frac{1.02\omega^{3/2}(\tau - \tau')}{\nu^{1/2}}\right] \tag{3-126}$$

式（3-126）第一项为 Cottrell 电流，第二项为旋转电极的贡献，欲使第二项的贡献小于 Cottrell 电流的 10%，$\omega(\tau - \tau')$（转数/$s \times s$）必须小于 1.4。在实际操作中，在湍流或在旋转电极（层流）条件下应用脉冲伏安法不是很普遍。旋转电极脉冲伏安法主要的优点是搅拌和旋转速度较低的实验条件下，电流不受湍流影响，其分析应用具有一定价值。差示脉冲电流，对于旋转电极其值为常规脉冲电流乘以因子（$1-\sigma$）（$1+\sigma$），因此旋转速度的影响同常规脉冲伏安法。

3.3.5 脉冲伏安法的应用

脉冲技术因为其高度的灵敏性，尤其在由于溶解氧而产生背景电流的情况下，被广泛应用于电活性物质的检测。差示脉冲伏安法和方波伏安法是最灵敏的检测浓度的方法，广泛用于痕量物质的分析工作中，常常比分子或原子吸收光谱、大部分色谱方法灵敏得多，它们也可以提供有关分析物化学形态的信息，可以确定氧化态、检测配合作用等。在环境检测中，用薄膜汞电极上的阳极溶出伏安法可检测许多重金属离子，这种技术对许多种金属离子都非常灵敏，可进行多成分分析，如 Cu、Pb、Cd、Zn 等分析。

3.4 线性电势扫描技术

控制电极电势按恒定速度，从起始电势 E_i 变化到某一电势 E_λ，或在完成这一变化后立即按相同速度再从 E_λ 变到 E_i 或在 E_i 和 E_λ 之间多次往复循环变化，同时记录相应的响应电流，通称为线性电势扫描伏安法（LSV）。电极电势的变化率称为扫描速率，为一常数，即 $v=\left|\frac{\mathrm{d}E}{\mathrm{d}t}\right|=\mathrm{const}$。测量结果常以 i–t 或 i–E 曲线表示，其中 i–E 曲线也叫伏安曲线。线性电势扫描伏安法中常用的电势扫描波形如图 3–19 所示。

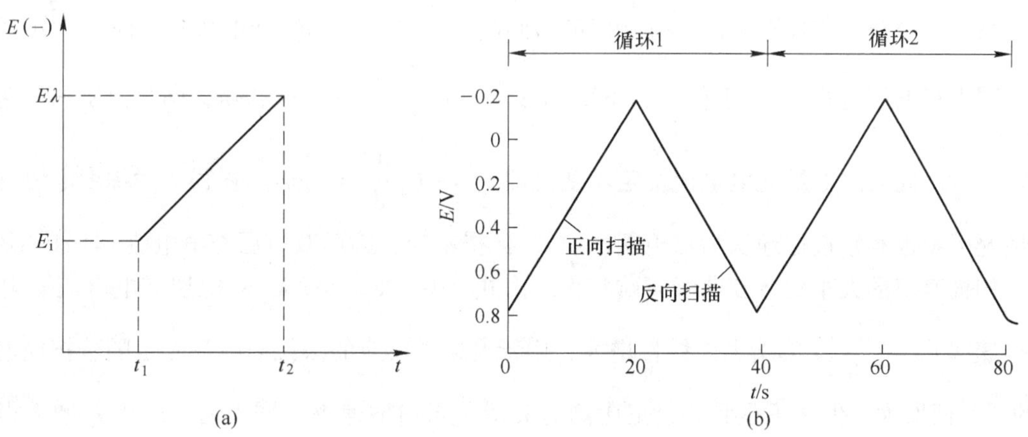

图 3–19 线性电势扫描伏安法中的常见电势波形

（a）单程线性电势扫描；（b）连续三角波扫描

采用电势扫描法能在很短时间内观测到宽广电势范围内电极过程的变化，测得的 LSV 曲线完全不同于稳态的电流–电势曲线。通过 LSV 曲线进行数学解析，可以推得峰值电流（i_p）、峰值电势（E_p）与扫描速度（v）、反应粒子浓度（c）及动力学参数等一系列特征关系，为电极过程的研究提供丰富的电化学信息。

3.4.1 线性电势扫描过程中响应电流的特点

在一般的情况下，线性电势扫描过程中的响应电流为电化学反应电流 i_f 和双电层充电电流 i_c 之和，即

$$i = i_f + i_c \tag{3-127}$$

其中，双电层充电电流 i_c 为

$$i_c = \frac{dq}{dt} = \frac{d[-C_d(E - E_z)]}{dt} = -C_d \frac{dE}{dt} + (E_z - E)\frac{dC_d}{dt} \tag{3-128}$$

式中，C_d 为双电层的微分电容；E 为电极电势；E_z 为零电荷电势（PZC）。

由式（3-128）可知，双电层充电电流 i_c 包括两个部分：一个是电极电势改变时，需要对双电层充电，以改变界面的电荷状态的双电层充电电流，即 $-C_d\frac{dE}{dt}$；另一个是双电层电容改变时引起的双电层充电电流，即 $(E_z - E)\frac{dC_d}{dt}$。由于在线性电势扫描过程中电极电势始终以恒定的速率变化，$(E_z - E)\frac{dC_d}{dt}$ 一项总不为零，因此，在扫描过程中自始至终存在着双电层充电电流 i_c。一般而言，双电层充电电流 i_c 在扫描过程中并非常数，而是随着 C_d 的变化而变化的。

当电极表面上发生表面活性物质的吸脱附时，双电层电容 C_d 会随之急剧变化，$(E_z - E)\frac{dC_d}{dt}$ 一项很大，i-E 曲线上出现伴随吸脱附过程的电流峰，称为吸脱附峰；

当电极表面上不存在表面活性物质的吸脱附，并且进行小幅度电势扫描时，在小的电势范围内双电层电容 C_d 可近似认为不变，$(E_z - E)\frac{dC_d}{dt}$ 一项可被忽略，同时由于扫描速度恒定，所以此时双电层充电电流恒定不变，即 $i_c = -C_d\frac{dE}{dt} = \text{const}$。在很多大幅度电势扫描的情况下，也经常近似地认为双电层电容 C_d 保持不变，因而双电层充电电流 i_c 保持不变。

扫描速率的大小对 i-E 曲线影响较大，由式（3-128）可知，双电层充电电流 i_c 随着扫描速率（$v = \left|\frac{dE}{dt}\right|$）的增大而线性增大，用于电化学反应的法拉第电流 i_f 也随着扫描速率 v 的增大而增大，但并不是和 v 成正比例的关系。当扫描速率 v 增大时，i_c 比 i_f 增大得更多，i_c 在总电流中所占的比例增加。相反，当扫描速率 v 足够慢时，i_c 在总电流中所占比例极低，可以忽略不计，这时得到的 i-E 曲线即为稳态极化曲线。

当进行大幅度线性电势扫描时，对于反应物来源于溶液的具有 4 个电极基本过程的简单电极反应 $O+ne^- \rightleftharpoons R$，典型的伏安曲线如图 3-20 所示。当电势从没有还原反应发生的较正电势开始向电势负方向线性扫描时，还原电流先是逐渐上升，到达峰值后又逐渐下降。

在电势扫描的过程中，随着电势的移动，电极的极化越来越大，电化学极化和浓差极化相继出现。随着极化的增大，反应物的表面浓度不断下降，扩散层中反应物的浓度差不断增大，导致扩散流量增加，扩散电流升高。当反应物的表面浓度下降为零时，就达到了完全浓差极化，扩散电流达到了极限扩散电流。但此时，扩散过程并未达到稳态，随着电势继续扫描，扩散场厚度越来越大，相应的扩散流量逐渐下降，扩散电流降低。这样，在电势扫描伏安曲线上，就形成了电流峰。在越过峰值后，电流的衰减符合 Cottrell 方程。

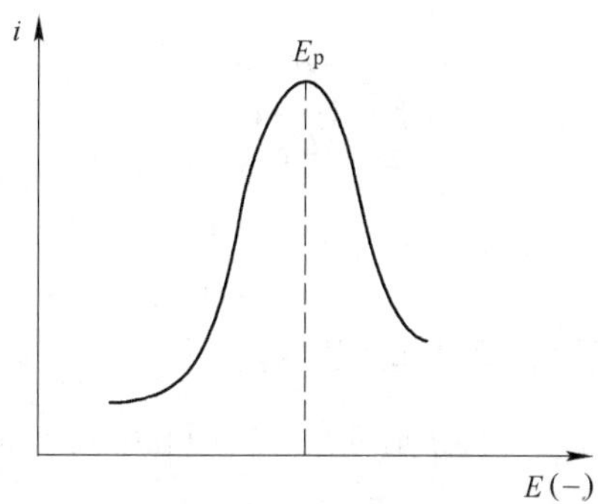

图 3-20 线性电势扫描伏安曲线

3.4.2 线性电势扫描伏安法

进行大幅度单程线性电势扫描时，浓差极化不可忽略。浓差极化按电极过程的类型可分成三种情况。

考虑具有 4 个电极基本过程的简单电极反应 $O+ne^- \rightleftharpoons R$，实验前溶液中只有反应物 O 存在，而没有产物 R 存在，即 $c_R^* = 0$。进行阴极方向的单程线性电势扫描，其电势关系式为：

$$E(t) = E_i - vt \tag{3-129}$$

初始电势 E_i 选择在相对于形式电势 $e^{\theta'}$ 足够正的电势下，因而在 E_i 下没有电化学反应发生。

3.4.2.1 线性扩散问题的求解

研究反应 $O+ne^- \rightleftharpoons R$，设向平面电极的传质为半无限线性扩散，溶液起始仅含氧化态（O），无还原态（R），在起始电势 E_i 时无电极反应发生。

由 Fick 第二定律得，该情况下的扩散方程为：

$$\frac{\partial c_O(x,\ t)}{\partial t} = D_O \frac{\partial^2 c_O(x,\ t)}{\partial x^2},\quad \frac{\partial c_R(x,\ t)}{\partial t} = D_R \frac{\partial^2 c_R(x,\ t)}{\partial x^2} \tag{3-130}$$

求解方程式（3-130）的起始和边界条件为：

$$c_O(x,\ 0) = c_O^*,\ c_R(x,\ 0) = 0 \tag{3-131}$$

$$\lim_{x\to\infty} c_O(x,\ t) = c_O^*,\ \lim_{x\to\infty} c_R(x,\ t) = 0 \tag{3-132}$$

量平衡为：

$$D_O\left[\frac{\partial c_O(x,\ t)}{\partial t}\right]_{x=0} + D_R\left[\frac{\partial c_R(x,\ t)}{\partial t}\right]_{x=0} = 0 \tag{3-133}$$

对式（3-130）作 Laplace 变换并结合式（3-131）和式（3-132）给出

$$\overline{c_O}(x,\ s) = \frac{c_O^*}{s} - A(s)\mathrm{e}^{-\left(\frac{s}{D_R}\right)^{1/2}\cdot x} \tag{3-134}$$

$$\overline{c_R}(x,\ s) = \frac{c_O^*}{s} - A(s)\xi\mathrm{e}^{-\left(\frac{s}{D_R}\right)^{1/2}\cdot x} \tag{3-135}$$

式中

$$\xi = \left(\frac{D_O}{D_R}\right)^{1/2}$$

又
$$\bar{i}(s) = nFAD_O\left[\frac{\partial \overline{c_O}(x,\ s)}{\partial x}\right]_{x=0} \tag{3-136}$$

结合式（3-134）并逆变换，运用卷积定理，可得到

$$c_O(0,\ t) = c_O^* - [nFA(\pi D_O)^{\frac{1}{2}}]^{-1}\int_0^t i(\tau)(t-\tau)^{-1/2}d\tau \tag{3-137}$$

引入

$$f(t) = \frac{i(\tau)}{nFA}$$

式（3-137）改写为

$$c_O(0,\ t) = c_O^* - (\pi D_O)^{-\frac{1}{2}}\int_0^t f(\tau)(t-\tau)^{-1/2}\mathrm{d}\tau \tag{3-138}$$

类似以上推导，假定反应开始时 R 不存在，从式（3-135）可导出

$$c_R(0,\ t) = (\pi D_R)^{-\frac{1}{2}}\int_0^t f(\tau)(t-\tau)^{-1/2}\mathrm{d}\tau \tag{3-139}$$

式（3-138）和式（3-139）的推导仅使用了线性扩散方程、初始条件、半无限扩散和流量平衡条件，不涉及电极动力学和试验技术，因此是通用的。

3.4.2.2 可逆体系

A 伏安曲线的数值解

对于可逆电极体系，传荷过程的平衡基本未受到破坏，Nernst 方程仍然适用

$$E = E^{\ominus'} + \frac{RT}{nF}\ln\left[\frac{c_O(0,\ t)}{c_R(0,\ t)}\right] \tag{3-140}$$

将式（3-129）代入后，式（3-140）可改写成

$$\frac{c_O(0,\ t)}{c_R(0,\ t)} = \exp\left[\frac{nF}{RT}(E_i - vt - E^{\ominus'})\right] \tag{3-141}$$

由于式（3-141）不能得到变换形式，使问题复杂化，故为了数学处理方便，式（3-141）改写为如下形式

$$\frac{c_O(0,\ t)}{c_R(0,\ t)} = \theta \mathrm{e}^{-\sigma t} = \theta S(t) \tag{3-142}$$

其中 $\theta \equiv \exp\left[\frac{nF}{RT}(E_i - E^{\ominus'})\right]$，$\sigma \equiv \frac{nF}{RT}v$，$\sigma t \equiv \frac{nF}{RT}vt = \frac{nF}{RT}(E_i - E)$。

将式（3-138）和式（3-139）代入式（3-141）得到

$$\int_0^t f(\tau)(t-\tau)^{-\frac{1}{2}}\mathrm{d}\tau = \frac{c_O^*(\pi D_O)^{\frac{1}{2}}}{1+\theta\xi S(t)} \tag{3-143}$$

或

$$\int_0^t i(\tau)(t-\tau)^{-\frac{1}{2}}\mathrm{d}\tau = \frac{nFAc_0^*(\pi D_0)^{\frac{1}{2}}}{1+\theta\xi S(t)} \tag{3-144}$$

与前面一样，$\xi=\left(\frac{D_0}{D_R}\right)^{1/2}$。这一积分方程的解就是函数 i（t），即电流-时间曲线，因为电视与时间成线性关系，也就得到了电流-电势方程。但式（3-143）或式（3-144）的准确解无法得到，一般需借助于数值解法。在求解前，首先将 i（t）函数转换为 i（E）函数，这是因为习惯于用 i-E 曲线。用时为了使求得的解对任何实验条件都适用，应把式（3-143）或式（3-144）式变为无量纲（或无因次）方程，得到的数直接就可应用于任何实验条件。定义

$\sigma t=\frac{nF}{RT}vt=\frac{nF}{RT}(E_i-E)$；令 $f(\tau)=g(\sigma\tau)$，$z=\sigma\tau$，于是 $\tau=\frac{z}{\sigma}$，$\mathrm{d}\tau=\frac{\mathrm{d}z}{\sigma}$，在 $\tau=0$ 时，$z=0$，$\tau=t$ 时，$z=\sigma t$，所以得到

$$\int_0^t f(\tau)(t-\tau)^{-\frac{1}{2}}\mathrm{d}\tau = \int_0^{\sigma t} g(z)\left(t-\frac{z}{\sigma}\right)^{-\frac{1}{2}}\frac{\mathrm{d}z}{\sigma} \tag{3-145}$$

进而式（3-143）可改写为：

$$\int_0^{\sigma t} g(z)(\sigma t-z)^{-\frac{1}{2}}\sigma^{-\frac{1}{2}}\mathrm{d}z = \frac{c_0^*(\pi D_0)^{\frac{1}{2}}}{1+\theta\xi S(\sigma t)} \tag{3-146}$$

最后除以 $c_0^*(\pi(D_0)^{\frac{1}{2}}$，得到

$$\int_0^{\sigma t}\frac{X(z)\mathrm{d}z}{(\sigma t-z)^{\frac{1}{2}}} = \frac{1}{1+\theta\xi S(\sigma t)} \tag{3-147}$$

式中

$$X(z)=\frac{g(z)}{c_0^*(\pi D_0\sigma)^{\frac{1}{2}}}=\frac{i(\sigma t)}{nFAc_0^*(\pi D_0\sigma)^{\frac{1}{2}}} \tag{3-148}$$

式（3-147）即为无量纲变量 X（z）、θ、ξ、s（σt）和 σt 表示的方程。电流可由式（3-148）得到

$$i=nFAc_0^*(\pi D_0\sigma)^{\frac{1}{2}}X(\sigma t) \tag{3-149}$$

$s(\sigma t)$ 为电极电势 E 的函数，对任何的 $s(\sigma t)$ 值，求解方程式（3-147），得到 $X(z)$ 后，代入式（3-149）便得到电流值。因为 $X(\sigma t)$ 在任何给定的 E 值都是一个纯数值，所以式（3-149）描述的是 i-E 曲线上任何一点的电流和参变量之间的关系式。式（3-148）求解的方法可用计算机得到数值解或级数解或解析解。求解的结果得到 $X(\sigma t)$ 作为 σt 或 $n(E-E_{1/2})$ 的函数，结果如表 3-1 和图 3-21 所示。

$$\pi^{\frac{1}{2}}X(\sigma t)=i/nFAc_0^*D_0^{\frac{1}{2}}(nF/RT)^{\frac{1}{2}}v^{\frac{1}{2}} \tag{3-150}$$

$$n(E-E_{1/2})=\left(\frac{RT}{F}\right)\ln\xi+n(E_i-E^{\sigma t})-\left(\frac{RT}{F}\right)\sigma t \tag{3-151}$$

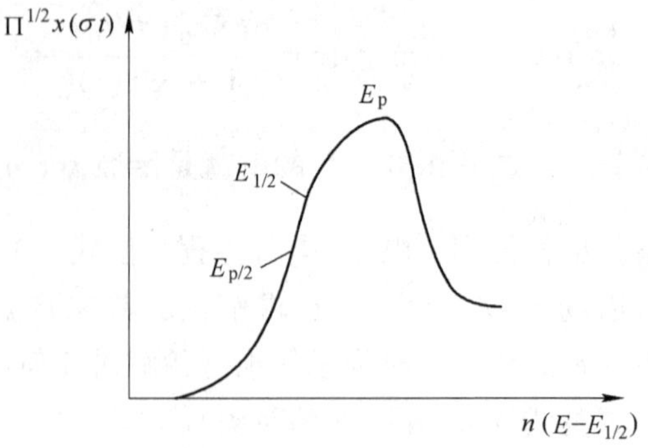

图 3-21 由无量纲电流函数表示的线性扫描伏安图

表 3-1 可逆电极过程的电流函数

$n(E-E_{1/2})$ (25℃)/mV	$\sqrt{\pi}\chi(\sigma t)$	$S(\sigma t)$	$n(E-E_{1/2})$ (25℃)/mV	$\sqrt{\pi}\chi(\sigma t)$	$S(\sigma t)$
120	0.009	0.008	-5	0.400	0.548
100	0.020	0.019	-10	0.418	0.596
80	0.042	0.041	-15	0.432	0.641
60	0.084	0.087	-20	0.441	0.685
50	0.117	0.124	-25	0.445	0.725
45	0.138	0.146	-28.5	0.4463	0.752
40	0.160	0.173	-30	0.446	0.763
35	0.185	0.208	-35	0.433	0.796
30	0.211	0.236	-40	0.438	0.826
25	0.240	0.273	-50	0.421	0.875
20	0.209	0.314	-60	0.399	0.912
15	0.298	0.357	-80	0.353	0.957
10	0.328	0.403	-100	0.312	0.980
5	0.355	0.451	-120	0.280	0.991
0	0.380	0.499	-150	0.245	0.997

B 峰电流和峰电势

函数 $\pi^{\frac{1}{2}}X(\sigma t)$ 存在一个极大值 0.4463，根据式（3-149）得到峰电流：

$$i_p = 0.4463 nFAc_O^*(D_O\sigma)^{\frac{1}{2}} \tag{3-152}$$

又 $\sigma = \frac{nF}{RT}v$，所以式（3-152）可写为：

$$i_p = 0.4463 nFAc_O^* D_O^{\frac{1}{2}}\left(\frac{nF}{RT}\right)^{\frac{1}{2}} V^{\frac{1}{2}} \tag{3-153}$$

25℃时

$$i_p = (2.69\times10^5) n^{3/2} Ac_O^* D_O^{\frac{1}{2}} V^{\frac{1}{2}}$$

式中，i_p 为峰值电流，A；n 为电极反应的得失电子数；A 为电极的真实面积，cm^2；D_O 为反应物的扩散系数，cm^2/s；c_O^* 为反应物的初始浓度 mol/cm；V 为扫描速度，V/s。

峰电势

$$E_p = E_{1/2} - 1.109\frac{RT}{nF} \tag{3-154}$$

由于峰的变宽峰电势可能不易确定，有时使用 $i_{p/2}$ 处的半峰电势会更方便些。

$$E_{p/2} = E_{1/2} + 1.09\frac{RT}{nF} \tag{3-155}$$

25℃时

$$E_{p/2}=E_{1/2}+28.0/n$$

由式（3-154）和式（3-155）可知，$E_{1/2}$ 大约位于 E_p 和 $E_{p/2}$ 之间。对于可逆波，一个方便的判据是：

$$|E_p - E_{\frac{p}{2}}| = 2.20\frac{RT}{nF} \tag{3-156}$$

有时也用 $|E_p - E_{\frac{p}{2}}| = 56.5/n(\mathrm{mV})$。

C 可逆电极体系伏安曲线特点

（1）E_p、$E_{\frac{p}{2}}$、$|E_p-E_{\frac{p}{2}}|$均与扫描速率无关，$E_{1/2}$ 大约位于 E_p 和 $E_{\frac{p}{2}}$的正中间，这些电势数值可用于判定电极反应的可逆性。

（2）峰值电流 i_p 以及伏安曲线上任意一点的电流都正比于 $c_O^* v^{\frac{1}{2}}$。若已知 D_O，则由式（3-153）中的比例系数可以计算得失电子数 n。利用 i_p 正比于 c_O^* 还可进行反应物浓度的定量分析。

i_p 正比于 $v^{\frac{1}{2}}$可以定性地理解为，v 越大，达到峰值电势所需时间越短，此时的暂态扩散层厚度越薄，扩散速率越大，因而 i_p 越大。实际上，i_p 正比于 $v^{\frac{1}{2}}$，伏安曲线上任意一点的电流都正比于 $v^{\frac{1}{2}}$，这是基于同样的原因。也就是说，v 越大，达到伏安曲线上任意一点的电势所需时间越短，相应的暂态扩散层厚度越薄，扩散速率越大，因而电流越大。

3.4.2.3 不可逆体系

A 完全不可逆体系

对于完全不可逆体系，不遵守 Nernst 方程，应采用

$$\frac{i}{nFA} = D_O\left[\frac{\partial c_O(x, t)}{\partial x}\right] = k_f(t)c_O(0, t) \tag{3-157}$$

$$k_f(t) = k^{\ominus}\exp\left\{\frac{-\alpha n_\alpha F}{RT}[E(t) - E^{\ominus'}]\right\} \tag{3-158}$$

将式（3-129）代入上式得到

$$k_f(t)c_O(0, t) = k_{fi}(t)c_O(0, t)e^{bt} \tag{3-159}$$

其中

$$k_{fi} = k^{\ominus}\exp\left\{\frac{-\alpha n_\alpha F}{RT}[E_i - E^{\ominus'}]\right\},\ b = \frac{\alpha n_\alpha F}{RT}v \tag{3-160}$$

同 3.4.2.1 节相同，得到一积分方程，由积分方程的数字解可给出电流方程式：

$$i = nFAc_O^*(\pi D_O b)^{\frac{1}{2}} X(bt) \tag{3-161}$$

$$i = nFAc_O^* D_O{}^{1/2} \pi^{1/2} v^{1/2} \left(\frac{\alpha n_\alpha F}{RT}\right)^{1/2} X(bt) \tag{3-162}$$

式中，$X(bt)$ 为一表列值函数，但其值一般不同于 $X(\sigma t)$，仅可逆过程时与 $X(\sigma t)$ 相同，i 正比于 $v^{1/2}$、c_O^*。

函数 $\pi^{1/2}X(bt)$ 的最大值为 0.4985。因此，峰电流的表达式为

$$i_p = (2.99 \times 10^5) n(\alpha n_\alpha)^{1/2} A c_O^* D_O{}^{1/2} v^{1/2} \tag{3-163}$$

相应的峰电势可由下式求出：

$$\alpha n_\alpha (E_p - E^{\ominus'}) + \frac{RT}{F}\ln\left[\frac{(\pi D_O b)^{\frac{1}{2}}}{k^\ominus}\right] = -5.34\text{mV}\ (\text{在 } 25℃) \tag{3-164}$$

$$E_p = E^{\ominus'} + \frac{RT}{\alpha n_\alpha F}\left[0.780 + \ln\left(\frac{D_O^{\frac{1}{2}}}{k^\ominus}\right) + \ln\left(\frac{\alpha n_\alpha F v}{RT}\right)^{1/2}\right] \tag{3-165}$$

$$|E_p - E_{\frac{p}{2}}| = \frac{1.857RT}{\alpha n_\alpha F} \tag{3-166}$$

25℃时

$$|E_p - E_{\frac{p}{2}}| = \frac{47.7}{\alpha n_\alpha}\text{mV} \tag{3-167}$$

由上述可知，完全不可逆过程的峰电流亦与 c_O^* 和 $v^{1/2}$ 成正比。但峰电势 E_p 为扫描速度 v 的函数，随着扫描速度 v 的增加，向负的方向移动，在 25℃，扫描速度变化 10 倍，峰电势变化$\dfrac{30}{\alpha n_\alpha}$(mV)，同时看出 E_p 包括与 $k^\ominus$有关的活化超电势。

B　准可逆体系

准可逆体系的处理较复杂，Matsuda 和 Ayabe 首先处理了这个问题，对准可逆体系有：

$$\frac{i}{nFA} = D_O\left[\frac{\partial c_O(x,t)}{\partial x}\right]_{x=0} = k^\ominus \mathrm{e}^{-\alpha nf[E(t)-E^{\ominus'}]}\{c_O(0,t) - c_R(0,t)\mathrm{e}^{nf[E(t)-E^{\ominus'}]}\} \tag{3-168}$$

式中，$f=F/RT$；$k^\ominus$是条件电势 $E^{\ominus'}$下的标准反应速率常数。

由扩散方程及其定解条件可以得到伏安曲线的数值解。峰的参数 α 和 Λ 定义为：

$$\Lambda = \frac{k^\ominus}{\left[D_O^{1-\alpha} D_R^\alpha \left(\frac{nF}{RT}\right) v\right]^{1/2}} \tag{3-169}$$

当 $D_O = D_R = D$ 时，

$$\Lambda = \frac{k^\ominus}{\left(D\frac{nF}{RT}v\right)^{1/2}} \tag{3-170}$$

对准可逆体系 i_p、E_p、$E_{\frac{p}{2}}$依赖于传递系数 α 和 Λ。准可逆体系伏安曲线的峰值电流 i_p、峰值电势和半波电势的差值 $|E_p - E_{1/2}|$、峰值电势和半峰电势的差值 $|E_p - E_{\frac{p}{2}}|$ 均介

于可逆体系和完全不可逆体系相应数值之间。

Λ 值是决定电极体系可逆性的重要参数。当 $\Lambda \geqslant 15$ 时，电极体系处于可逆状态；当 $\Lambda \leqslant 10^{-2(1+\alpha)}$ 时，电极体系处于完全不可逆状态。

由式（3–168）可知，Λ 是表征传荷过程的参数 $k^{\ominus}$ 和表征传质过程的参数 $\left(D\dfrac{nF}{RT}v\right)^{1/2}$ 的比值，因此它是表征两个电极基本过程在总的电极过程中重要性的参量。可以看出，Λ 不仅取决于体系本身的性质，而且可以通过调节扫速 v 而发生变化，从而使体系表现出不同的可逆性质。例如，随着扫速 v 的增大，体系的峰值电流 i_p 可以从可逆行为变化到准可逆行为，再变化到完全不可逆行为。

这一现象可以定性地做如下解释：扫速 v 越快，达到一定电势下所需时间越短，暂态扩散层厚度越薄，扩散流量越大，扩散速率越快，浓差极化在总极化中所占比例就越小，相应的电化学极化所占比例上升，逐步偏离电化学的平衡状态，Nernst 方程不再适用，电极由“可逆”状态变为“准可逆”状态，进而成为“完全不可逆”状态。

3.4.3　循环伏安法

控制研究电极的电势以速率 v 从 E_i 开始向电势负方向扫描，到时间 $t=\lambda$（相应电势为 E_λ）时电势改变扫描方向，以相同的速率回扫至起始电势，然后电势再次换向，反复扫描，即采用连续三角波电势控制信号。记录 i–E 曲线，该曲线称为循环伏安曲线，如图 3–22 所示，这一测量方法称为循环伏安法（CV）。循环伏安法是电化学测量方法中应用最为广泛的一种。

电势扫描信号可表示为：

$$E(t) = E_i - vt \qquad (0 \leqslant t \leqslant \lambda) \tag{3-171}$$

$$E(t) = E_i - v\lambda + v(t-\lambda) = E_i - 2v\lambda + vt \qquad (t > \lambda) \tag{3-172}$$

式中，λ 为换向时间；$E(t)=E_i-vt$ 为换向电势。

对于一个电化学反应 $O+ne^- \rightleftharpoons R$，正向扫描（即向电势负方向扫描）是发生阴极反应 $O+ne^- \rightarrow R$；反向扫描时，则发生正向扫描过程中生成的反应产物 R 的重新氧化的反应 $R \rightarrow O+ne^-$，这样反向扫描时也会得到峰状的 i–E 曲线，如图 3–22 所示。

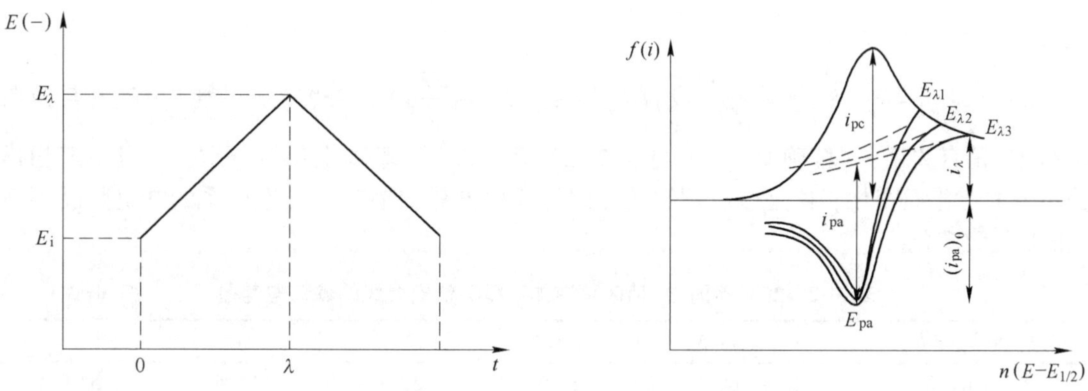

图 3–22　三角波电势扫描信号及循环伏安曲线图

循环伏安法的理论处理与 3.4.2 节相同。在 $t\leqslant\lambda$ 期间，正扫的循环伏安曲线规律与前述的单扫伏安法完全相同；在 $t>\lambda$ 期间，回扫的伏安曲线与 E_λ 值有关，但是当 E_λ 控制在越过峰值 E_p 足够远时，回扫伏安曲线形状受 E_λ 的影响可被忽略。具体地说，对于可逆体系，E_λ 至少要超过 $E_p(35/n)$；对于准可逆体系，E_λ 至少要超过 $E_p(90/n)$。通常情况下，E_λ 都控制在 $E_p(100/n)$ 以上。

循环伏安曲线上有两组重要的测量参数：

（1）阴、阳极峰值电流 i_{pc}、i_{pa} 及其比值 i_{pa}/i_{pc}；

（2）阴、阳极峰值电势差值 $|\Delta E_p|=E_{pa}/E_{pc}$。

在循环伏安曲线上测定阳极的峰值电流 i_{pa} 不如阴极峰值电流 i_{pc} 方便。这是因为正向扫描时是从法拉第电流为零的电势开始扫描的，因此 i_{pc} 可根据零电流基线得到；而在反向扫描时，E_λ 处阴极电流尚未衰减到零，因此测定 i_{pa} 时就不能以零电流作为基准来求算，而应以 E_λ 之后正扫的阴极电流衰减曲线为基线。在电势换向时，阴极反应达到了完全浓差极化状态，此时阴极电流为暂态的极限扩散电流，符合 Cottrell 方程，即按照 i 正比于 $t^{-1/2}$ 的规律衰减。在反向扫描的最初一段电势范围内，R 的重新氧化反应尚未开始，此时电流仍为阴极电流衰减曲线。因此可在图上画出阴极电流衰减曲线的延长线，以其作为求算反向扫描曲线的电流基线，如图 3-22 所示。在图 3-22 中，当分布在 3 个不同的换向电势 $E_{\lambda1}$、$E_{\lambda2}$ 和 $E_{\lambda3}$ 下回扫时，所得 3 条回扫曲线各不相同，应以各自的阴极电流衰减曲线（图中虚线）为基线计算 i_{pa}。若难以确定 i_{pa} 的基线，可采用式（3-173）计算：

$$\left|\frac{i_{pa}}{i_{pc}}\right|=\left|\frac{(i_{pa})_0}{i_{pc}}\right|+\left|\frac{0.485i_\lambda}{i_{pc}}\right|+0.086 \tag{3-173}$$

式中，$(i_{pa})_0$ 为未经校正的相对于零电流基线的阳极峰值电流；i_λ 为电势换向处的阴极电流。

在实际的循环伏安曲线中，法拉第电流是叠加在近似为常数的双电层充电电流上的，通常可以双电层充电电流为基线对 i_{pc}、i_{pa} 进行相应的校正。

（1）可逆体系。对于产物稳定的可逆体系，循环伏安曲线两组参数具有下述重要特征：

1）$|i_{pa}|=|i_{pc}|$，即 $\left|\frac{i_{pa}}{i_{pc}}\right|=1$，并且与扫速 v、换向电势 E_λ、扩散系数 D 等参数无关。

2）$|\Delta E_p|=E_{pa}-E_{pc}\approx\frac{2.3RT}{nF}$ 或 $|\Delta E_p|=E_{pa}-E_{pc}\approx\frac{59}{n}\mathrm{mV}$（25℃）。尽管 $|\Delta E_p|$ 与换向电势 E_λ 稍有关系，（精确 $|\Delta E_p|$ 见表 3-2）但 $|\Delta E_p|$ 基本上保持一致，并且不随扫描速度 v 的变化而变化。这是可以理解的，因为单程电势扫描时，可逆体系的峰电势就不随 v 的变化而变化。

表 3-2　25℃不同 E_λ 值时可逆体系循环伏安曲线的峰值电势差　（mV）

$n(E_{pc}-E_\lambda)$	71.5	121.5	171.5	271.5	∞
$n\|\Delta E_p\|$	60.5	59.2	58.3	57.8	57.0

（2）准可逆体系。准可逆体系循环伏安曲线两组测量参数的特征为：

1）$|i_{pa}| \neq |i_{pc}|$。

2）准可逆体系的$|\Delta E_p|$比可逆体系的大，$|\Delta E_p| = E_{pa} - E_{pc} > \frac{59}{n}$mV，伴随着扫速 v 的增大而增大。不可逆体系进行单程电势扫描时，随着扫描速率 v 的增大，峰值电势向扫描的方向移动，即阴极峰电势 E_{pc} 向电势负方向移动，阳极峰电势 E_{pa} 向电势正方向移动，因此$|\Delta E_p|$随扫速的增大而增大。

$|\Delta E_p|$值以及$|\Delta E_p|$随扫描速率 v 的变化特征是判断电极反应是否可逆和不可逆程度的重要判据。如果$|\Delta E_p| \approx \frac{2.3RT}{nF}$，且不随 v 变化，说明反应可逆；如果$|\Delta E_p| > \frac{2.3RT}{nF}$，且随 v 的增大而增大，则为不可逆反应。$|\Delta E_p|$比$\frac{2.3RT}{nF}$大得越多，反应的不可逆程度越大。

（3）完全不可逆体系。当电极反应完全不可逆时，逆反应非常迟缓，正向扫描产物来不及发生反应就扩散到溶液内部了，因此在循环伏安图上观察不到反向扫描的电流峰。图 3-23 对可逆体系、准可逆体系和完全不可逆体系的循环伏安曲线进行了比较。

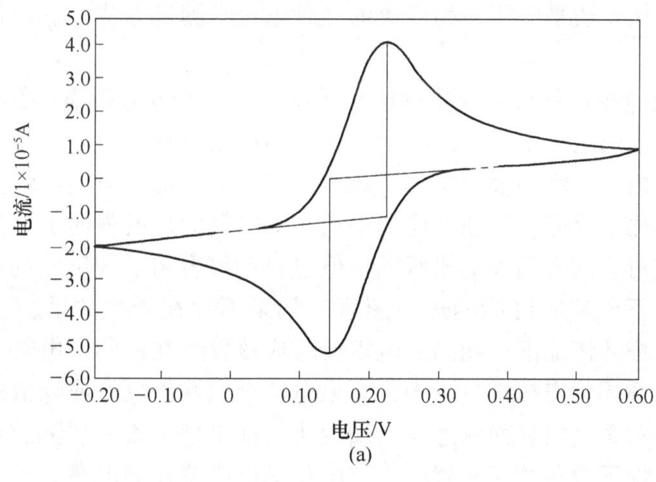

(a)

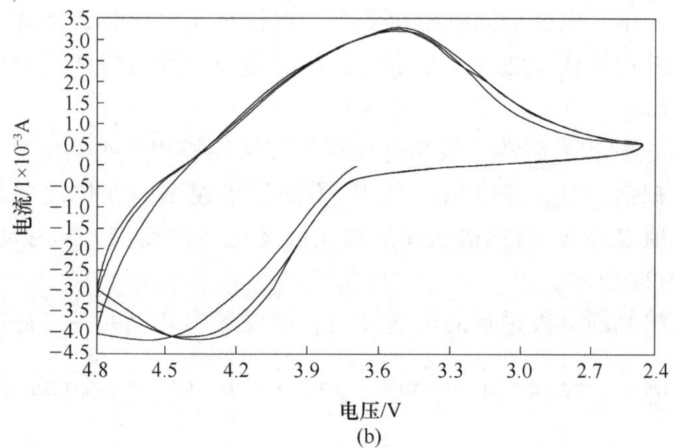

(b)

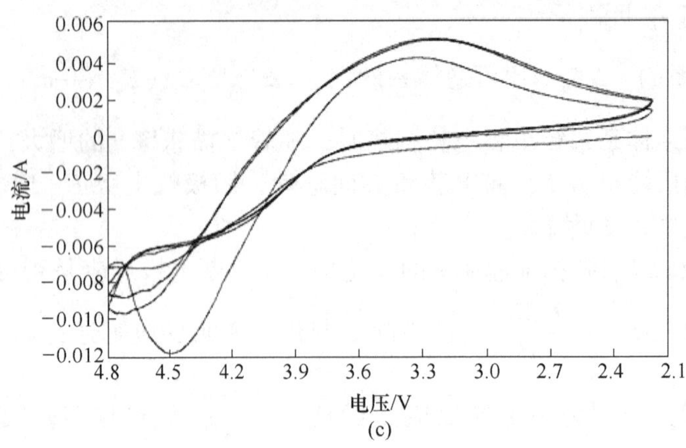

图 3-23　不同可逆程度的循环伏安曲线

（a）可逆；（b）准可逆；（c）不可逆

3.4.4　线性电势扫描技术的应用

线性电势扫描伏安法是应用最为广泛的一种电化学测量方法，这里仅列举一些有代表性的应用。

（1）初步研究电极体系可能发生的电化学反应。线性电势扫描伏安法常被用于研究一个未知体系可能发生的电化学反应，因为在伏安曲线上出现阳极电流峰通常表示电极发生了氧化反应，而阴极电流峰则表明发生了还原反应。电流峰对应的电势范围可用于帮助判定发生的是什么电化学反应，与该反应的平衡电势之间的差值表明了该反应发生的难易程度。一对可逆反应对应的阴阳极电流峰的峰值电势差值表明了该反应的可逆程度，峰值电流表示在给定条件下该反应可能的进行速度。如果不存在干扰的话，对于给定的电极体系，在控制电势扫描的情况下，相同的电极反应应该发生在相同的电势下，并以同样的速度进行。在多次的循环伏安扫描过程中，如果电流峰的峰值电势或峰值电流随扫描次数而发生变化，往往预示着电极表面状态在不断变化。如果把电流-电势曲线转换成电流-时间关系曲线，则电流峰下覆盖的面积就代表该电化学反应消耗的电量，由此电量有可能得到电极活性物质的利用率、电极表面吸附覆盖率、电极真实电化学表面积等一系列丰富的信息。因此，线性电势扫描伏安法往往是定性或半定量地研究电极体系可能发生的反应及其反应速度的首选方法。

（2）判断电极过程的可逆性。线性电势扫描方法能够用来判断电极过程的可逆性。当采用单程线性电势扫描法时，若峰值电势 E_p 不随扫描速率的变化而变化，则为可逆电极过程；反之，若峰值电势 E_p 随扫描速率的增大而变化（向扫描方向移动），则为不可逆的电极过程。如图 3-24 所示。

采用循环伏安法判断电极过程的可逆性时，需要考察共轭的一对还原反应和氧化反应的峰值电势差值 $|\Delta E_p|$。若 $|\Delta E_p| \approx \frac{59}{n}$mV（25℃），并且 $|\Delta E_p|$ 不随扫描速率 v 的变化而变化，则为可逆电极过程；若 $|\Delta E_p| > \frac{59}{n}$mV（25℃），并且随着扫描速率 v 的增加，

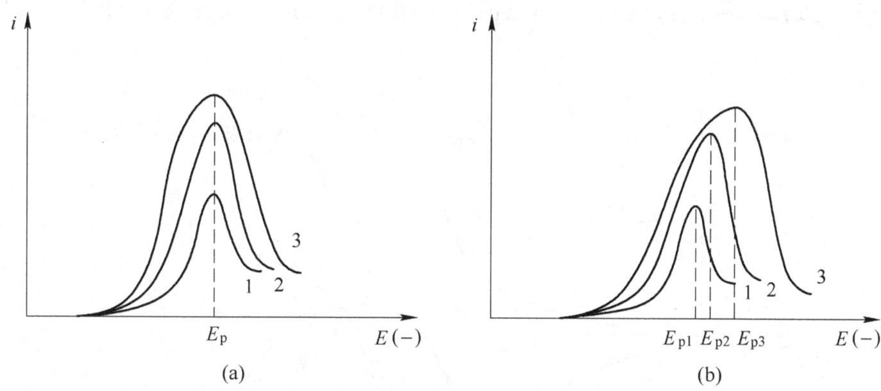

图 3-24 线性电势扫描法判断电极反应的可逆性（$v_1<v_2<v_3$）

$|\Delta E_p|$增大，则为不可逆电极过程。在相同的扫描速率 v 下，$|\Delta E_p|$越大，反应的不可逆程度就越大。

（3）判断电极反应的反应物来源。采用线性电势扫描伏安法可以判断反应物的来源。如果反应物来源于溶液，通过扩散过程到达电极表面参与电极反应，那么在伏安曲线下会出现电流峰。对 i-t 曲线积分，电流峰覆盖的面积即为用于电化学反应的电量（忽略双电层充电电量）。

$$Q = \int_{t_1}^{t_2} i\mathrm{d}t - \int_{E_1}^{E_2} \frac{i}{v}\mathrm{d}E \tag{3-174}$$

扫描过程中的响应电流 i 可由式（3-175）给出：

$$i = \phi(E) c_O^* (D_O v)^{1/2} \tag{3-175}$$

式中，$\phi(E)$ 为电势 E 的函数，故

$$Q = c_O^* D_O^{1/2} v^{-1/2} \int_{E_1}^{E_2} \phi(E)\mathrm{d}E \tag{3-176}$$

由式（3-176）可知，反应的电量 Q 与扫描速率的平方根的倒数 $v^{-1/2}$ 成正比，即

$$Q \propto v^{-1/2} \tag{3-177}$$

也就是说，扫描速率越慢，用于电化学反应的电量就越大。这是因为反应物来源于溶液，在扫描速率慢的时候本体溶液中的反应物能够扩散到电极表面上参与反应。

相反地，如果反应物是预先吸附在电极表面上的，由于吸附反应物的量是恒定的，所以吸附反应物消耗完毕所需的电量 Q_0 也是恒定的，与所使用的扫描速率 v 无关。这样，利用伏安曲线积分得到的电量同扫描速率之间的关系，可以判断反应物的来源。

（4）研究电活性物质的脱吸附过程。参与电化学反应的电活性物质（反应物 O 和产物 R）常常可以吸附在电极表面上，线性电势扫描伏安法是研究电活性物质吸附过程的有力工具。正如上面所介绍的，吸附的反应物 O 和来源于溶液通过扩散到达电极表面参与电化学反应的反应物 O 可根据伏安曲线的电量加以区分。另外，吸附反应物伏安曲线上的峰值电流 i_p 不是同 $v^{1/2}$ 成正比，而是正比于扫描速率 v，即 $i_p \propto v$。在 Langmuir 吸附等温式条件下，对于可逆电极反应，阴极峰电势和阳极峰电势相等，即 $E_{Pc} = E_{Pa}$。

如果反应物 O 的吸附作用比产物 R 的吸附作用更强，吸附反应物 O 的电流峰会出现在比扩散反应物 O 的电流峰更负的电势下，如图 3-25 所示；相反，如果产物 R 的吸附作

用比反应物 O 更强，吸附反应物 O 的电流峰会出现在比扩散反应物 O 的电流峰更正的电势下。

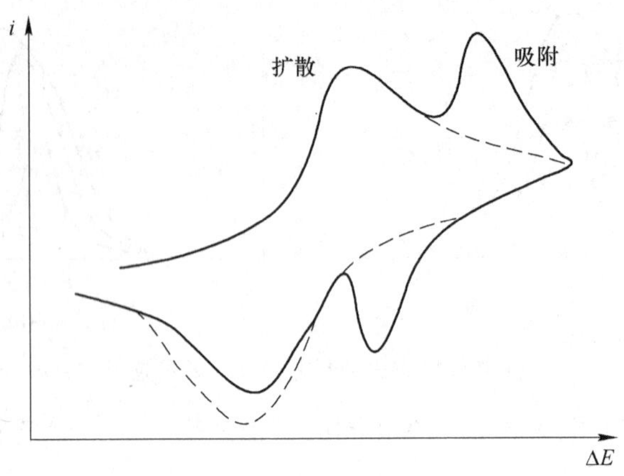

图 3-25　有扩散反应物 O 和强吸附的吸附反应物 O 存在时的循环伏安曲线（实线）；仅有扩散反应物 O 存在时的循环伏安曲线（虚线）

铂是燃料电池中必不可少的电催化材料，铂的电化学性质以及有机小分子在铂电极上的吸附氧化的电化学行为都是大量研究的重点，其中循环伏安法是一种有力的研究工具。图 3-26 所示为多晶铂电极在 0. 5mol/L H_2SO_4 溶液中的循环伏安曲线。

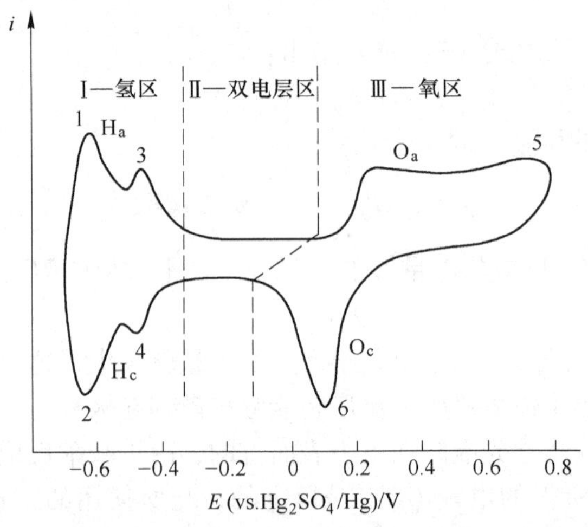

图 3-26　多晶铂电极在 0. 5mol/L 的 H_2SO_4 溶液中的循环伏安曲线

伏安曲线可分为 3 个区域：氢区、双层区和氧区，中间部分只有很小的、基本不变的双电层充电电流，而没有法拉第电流，称为双电层区。曲线上方为正向扫描所得到的极化曲线，下方为负向扫描所得到的极化曲线。

负向扫描时，氢区出现的两个电流峰是氢的吸附峰，峰 4 处对应着 H^+ 的还原过程，所生成的原子 H 吸附在 Pt 上形成 MH。此时由于 Pt 电极刚刚开始吸附氢原子，所以电极表面的吸附覆盖度较低，因而形成的 MH 结合力较强，这部分吸附氢称作强吸附氢，以强 $H_{吸}$ 表示。当 Pt 电极表面已经吸附一部分强 $H_{吸}$ 之后，Pt 电极表面吸附覆盖度增大，此时再继续进行氢的吸附，就与金属表面结合较弱，所以在峰2处吸附的氢为弱吸附氢，以弱$H_{吸}$来表示。

在正向扫描时，氢区的两个峰为氢的脱附峰，峰1比峰3的电位更负，不难理解，峰1处的吸附氢较峰3处的吸附氢容易氧化，即容易脱附。显然，这是因为峰1处所对应的是弱$H_{吸}$，故容易脱附，而峰“3”处所对应的是强$H_{吸}$，所以较难脱附。

由图3-26还可以看出，峰1与峰2以及峰3和峰4的i_p和Φ_p也基本相同，因此，可以说在Pt电极上氢的吸脱附过程基本上是可逆的。

由图3-26还可看出，在Ⅱ区没有电化学反应发生，只有微弱电流用于双层充电。Ⅲ区为氧的吸脱附区，氧的析出峰5和氧的还原峰6分离较远且峰值不等，可见氧的吸脱附过程不是可逆的。

（5）单晶电极电化学行为的表征。单晶电极由于具有确定而规则的表面原子排列方式，因而适合用于电极过程微观机理的研究。但是，由于单晶电极的制备和前处理过程相对复杂，进行电化学测试前确定单晶电极表面加工质量是非常必要的。虽然可以使用扫描隧道显微镜（STM）直接观察表面原子的排列图像，确定单晶质量，但是操作相对复杂。一个简便可行的方法是在一些常见电解液中测试单晶电极的循环伏安曲线。例如，循环伏安测试不同晶面的金单晶电极在高氯酸溶液中形成金表面氧化层的氧化峰形状、数目、位置都与单晶的晶面指数之间存在着一一对应关系，成为判断单晶晶面的特征谱图，这一电势区间的氧化电流峰被称为单晶金电极的指纹峰。

3.5 交流阻抗技术

电化学体系可以用阻抗测量的方法进行研究。这些方法涉及应用一个小幅度交流信号的扰动，而线性扫描或电势阶跃法的研究，其扰动往往都远离体系的平衡。这个小幅度的扰动，可以是电势也可以是电流。这种扰动非常小，有很多优点，可以进行长时间的测量，也可以利用一些数学方程的极限形式，这种极限形式可以使电流-电势简化为线性关系。

交流阻抗法包括两类技术：电化学阻抗谱（electrochemical impedance spectroscopy，EIS）和交流伏安法（AC voltammetry）。电化学阻抗谱技术是在某一直流极化条件下，特别是在平衡电势条件下，研究电化学系统的交流阻抗随频率的变化关系；交流伏安法是在某一选定的频率下，研究交流电流的振幅和相位随直流极化电势的变化关系。这两类方法的共同点在于都应用了小幅度的正弦交流激励信号E_{ac}，基于电化学系统的交流阻抗概念进行研究。

测量相位差和幅值（也就是说阻抗），可以分析扩散、动力学、双电层等电极过程。阻抗的测量在腐蚀、膜、离子固体、固体电解质、导电高分子和液-液界面的研究方面也有很重要的应用。

3.5.1 交流电路的基本性质

交流扰动的电化学响应在阻抗技术中是非常重要的，没有交流电路的基本原理，就不能很好地理解和分析由交流扰动引起的电化学响应。

正弦交流电压能够表示为：

$$e = E\sin\omega t \tag{3-178}$$

式中，E 为电势的最大幅值；ω 为正弦波的角频率。

若用 f 表示频率，则 f 与 ω 之间的关系为：

$$\omega = 2\pi f \tag{3-179}$$

对于两个相关的正弦信号，例如电流与电压之间的相互关系，每个信号都可表示成以同样频率旋转的独立量 I 和 E，如图 3-27 所示，它们不是同相位的，电流滞后与电压的相位为 ϕ，有

$$i = I\sin(\omega t + \phi) \tag{3-180}$$

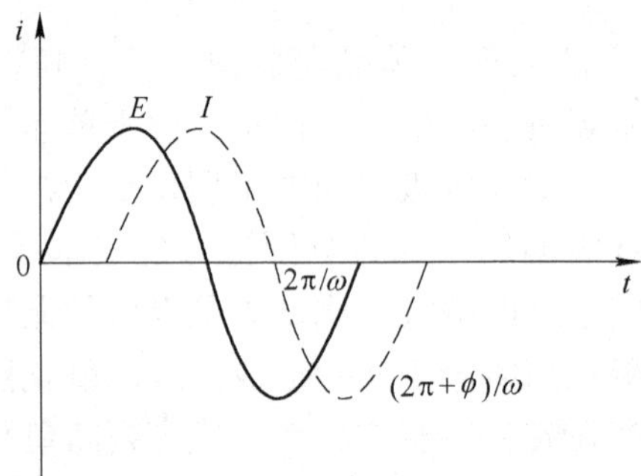

图 3-27　交流电流和交流电压信号之间的相互关系

（1）电阻。如果电路中是纯电阻 R，由欧姆定律可得：

$$i = \frac{E}{R}\sin\omega t \tag{3-181}$$

对于纯电阻，$\phi=0$，电压和电压之间没有相位差（见图 3-28）。

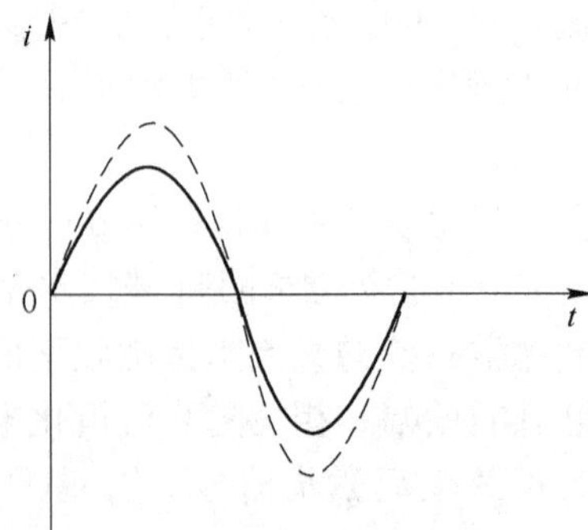

图 3-28　纯电阻上的电压和流过电阻的电流之间的关系曲线

（2）电容。对于纯电容，有

$$i = C\frac{\mathrm{d}e}{\mathrm{d}t} \tag{3-182}$$

将式（3-182）两边积分，并将式（3-178）代入得到：

$$i = \omega CE\sin\left(\omega t + \frac{\pi}{2}\right) = \frac{E}{X_C}\sin\left(\omega t + \frac{\pi}{2}\right) \tag{3-183}$$

$$X_C = (\omega C)^{-1} \quad (3-184)$$

式中，X_C 为容抗，Ω。

与式（3-183）比较可以看出相角为正，$\phi=\pi/2$，电流超前电势 $\pi/2$（见图 3-29）。

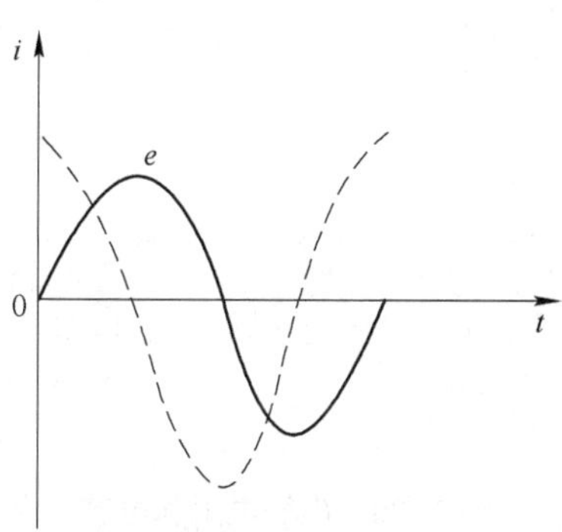

图 3-29 电容上的交流电压和流过电容的交流电流之间的关系曲线

（3）电阻和电容的串联。一个电阻 R 和一个电容 C 组成的电路称为 RC 电路，图 3-30（a）所示为 RC 串联电路。总的电压降为电阻和电容两元件上电压降之和，

$$E = E_R + E_C \quad (3-185)$$

电压降分别与电阻和容抗成正比。容抗和电阻的矢量和就是阻抗，用 Z 表示：

$$Z = R - jX_C \quad (3-186)$$

$$j = -1 \quad (3-187)$$

阻抗的模或称阻抗的幅值为

$$|Z| = (R^2 + X_C^2)^{1/2} \quad (3-188)$$

相角

$$\tan\phi = \frac{X_C}{R} = \frac{1}{\omega RC} \quad (3-189)$$

阻抗矢量的相角表示串联电路中电容和电阻分量之间的配比。对于一个纯电阻，$\phi=0$；对于一个纯电容，令 $\phi=\pi/2$；而对于 RC 的串联体系，可以观察到两者之间的相角。

阻抗是一个矢量，也可以用一个复数来表示。一个复数由实部和虚部组成，实部表示这一矢量在横坐标上的分量，虚部是这一矢量在纵坐标上的分量。通常，实部用 Z_{Re}（或 Z'）表示，虚部用 Z_{Im}（或 Z''）表示，所以阻抗的一般表达式为：

$$Z = Z_{Re} - jZ_{Im} \quad \text{或} \quad Z = Z' - jZ'' \quad (3-190)$$

对于 RC 的串联电路：

$$Z_{Re} = R,\ Z_{Im} = X_C \quad (3-191)$$

因为串联 RC 电路 Z_{Re} 是常数，但 Z_{Im} 随频率的不同而变化，所以串联 RC 电路的阻抗在复平面上为一垂直于 Z_{Im} 轴的直线，如图 3-30（b）所示。

（4）电阻和电容的并联。RC 并联电路图如图 3-31（a）所示，总电流 i_{tot} 是通过电阻的电流 i_R 和电容的电流 i_C 之和［见图 3-31（b）］。

$$i_{tot} = \frac{E}{R}\sin\omega t + \frac{E}{X_C}\sin\left(\omega t + \frac{\pi}{2}\right) \quad (3-192)$$

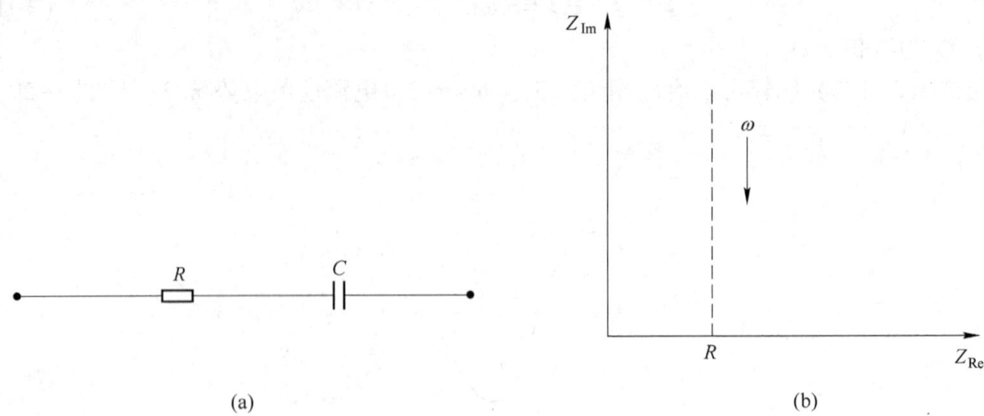

图 3-30 串联电阻和电容

（a）电路；（b）复平面阻抗图

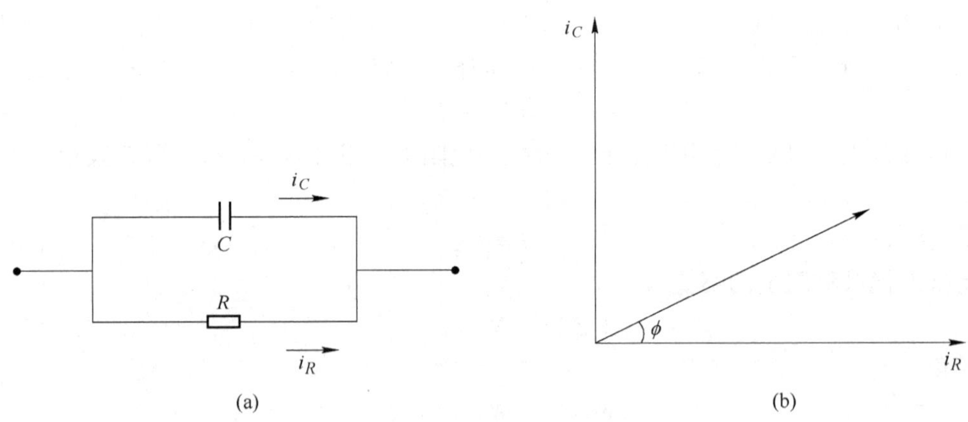

图 3-31 电阻和电容的并联

（a）并联 RC 电路；（b）流过并联电路的总电流矢量和

$$|i_{tot}| = (i_R^2 + i_C^2)^{1/2} = E\left(\frac{1}{R^2} + \frac{1}{X_C^2}\right)^{1/2} \tag{3-193}$$

阻抗的膜

$$|Z| = \left(\frac{1}{R^2} + \frac{1}{X_C^2}\right)^{-1/2} \tag{3-194}$$

相角

$$\tan\phi = \frac{i_C}{i_R} = \frac{1}{\omega RC} \tag{3-195}$$

RC 并联电路的阻抗：

$$\frac{1}{Z} = \frac{1}{R} + j\omega C \tag{3-196}$$

$$Z = \frac{R}{1 + j\omega RC} \tag{3-197}$$

将分子和分母同乘（$1-j\omega RC$），很容易将阻抗矢量的实部和虚部分开，得：

$$Z=\frac{R(1-j\omega RC)}{1+(\omega RC)^2} \tag{3-198}$$

实部和虚部分别为：

$$Z_{\mathrm{Re}}=\frac{R}{1+(\omega RC)^2},\qquad Z_{\mathrm{Im}}=\frac{R^2C}{1+(\omega RC)^2} \tag{3-199}$$

阻抗在复平面上的矢量应为一个半圆（见图 3-32），其半径为 $R/2$，在 $|Z_{\mathrm{Im}}|$ 最大值处 $\omega RC=1$。

（5）阻抗的串联和并联。复杂的电路可以用类似于电阻的规则，通过合并阻抗来分析，对于串联阻抗，总阻抗是各个阻抗矢量之和：

$$Z=Z_1+Z_2+\cdots \tag{3-200}$$

对于并联阻抗，总阻抗的倒数和是并联的各个矢量倒数之和。

例如图 3-33 中，有

$$\frac{1}{Z}=\frac{1}{Z_1}+\frac{1}{Z_2}+\cdots \tag{3-201}$$

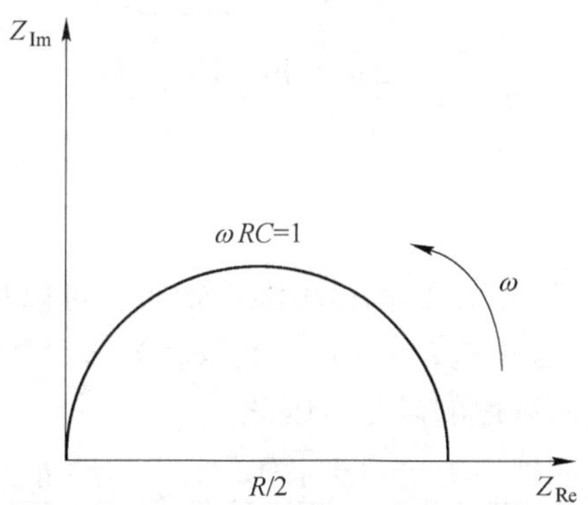

图 3-32 复平面阻抗图

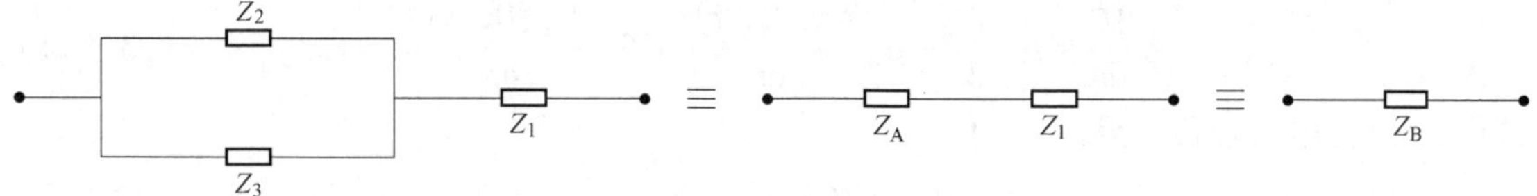

图 3-33 阻抗串并联的等效电路

（6）导纳。阻抗的倒数定义为导纳，用 Y 表示，即

$$Y=\frac{1}{Z} \tag{3-202}$$

导纳在 RC 并联电路中应用非常简单，因为导纳应用到 RC 并联电路就像阻抗应用在 RC 串联电路中一样。导纳 Y 的实部用 Y' 表示，虚部用 Y'' 表示，则

$$Y=\frac{1}{Z}=\frac{1}{Z'-jZ''}=\frac{Z'+jZ''}{(Z')^2+(Z'')^2}=Y'-jY'' \tag{3-203}$$

$$Y' = \frac{Z'}{(Z')^2 + (Z'')^2},\ Y'' = \frac{Z''}{(Z'')^2 + (Z'')^2} \tag{3-204}$$

（7）Kramers-Kroning 关系式。具有线性关系性质的电路体系的扰动信号响应不产生谐波，并且对于两个或多个叠加在一起的扰动信号的响应，等于这些扰动信号分别作用时的响应之和。对于电化学体系，当扰动比 $kT/\mathrm{e}=25\mathrm{mV}$（$T=298\mathrm{K}$）小得多时，这种线性关系的性质可用作很好的近似。

由于几乎所有用于阻抗方法中的方程都是假设线性关系得到的，通过一种手段证明这种假设的正确性是很重要的。Kramers-Kroning 关系把 Z' 和 Z'' 联系起来，用阻抗谱中任意频率下的 Z' 值来计算 Z'' 值，反之亦然。如果体系符合线性关系的假设，那么实验测得的 Z'' 或 Z' 应与计算出来的 Z'' 或 Z' 相符合。这一关系如下所示：

$$Z'(\omega) - Z'(\infty) = \frac{2}{\pi}\int_0^{\infty} \frac{xZ''(x) - \omega Z''(\omega)}{x^2 - \omega^2}\mathrm{d}x \tag{3-205}$$

$$Z'(\omega) - Z'(0) = \frac{2\omega}{\pi}\int_0^{\infty} \left[\frac{\omega}{x}Z''(x) - Z''(\omega)\right]\frac{1}{x^2 - \omega^2}\mathrm{d}x \tag{3-206}$$

$$Z''(\omega) = -\frac{2\omega}{\pi}\int_0^{\infty} \frac{Z'(x) - Z'(\omega)}{x^2 - \omega^2}\mathrm{d}x \tag{3-207}$$

$$\phi(\omega) = \frac{2\omega}{\pi}\int_0^{\infty} \frac{\ln|Z(x)|}{x^2 - \omega^2}\mathrm{d}x \tag{3-208}$$

3.5.2 法拉第阻抗

对于一电极 $\mathrm{O}+ne \rightleftharpoons \mathrm{R}$，如 O 和 R 都是可溶性物质，可以写出如下关系

$$E = E[i,\ c_{\mathrm{O}}(0,\ t),\ c_{\mathrm{R}}(0,\ t)] \tag{3-209}$$

即电极电势为电流与表面浓度的函数，因此

$$\frac{\mathrm{d}E}{\mathrm{d}t} = \frac{\partial E}{\partial i}\frac{\mathrm{d}i}{\mathrm{d}t} + \left[\frac{\partial E}{\partial c_{\mathrm{O}}(0,\ t)}\right]\frac{\mathrm{d}c_O(0,\ t)}{\mathrm{d}t} + \frac{\partial E}{\partial c_{\mathrm{R}}(0,\ t)}\frac{\mathrm{d}c_{\mathrm{R}}(0,\ t)}{\mathrm{d}t} \tag{3-210}$$

或

$$\frac{\mathrm{d}E}{\mathrm{d}t} = R_{\mathrm{ct}}\frac{\mathrm{d}i}{\mathrm{d}t} + \beta_{\mathrm{O}}\frac{\mathrm{d}c_{\mathrm{O}}(0,\ t)}{\mathrm{d}t} + \beta_{\mathrm{R}}\frac{\mathrm{d}c_{\mathrm{R}}(0,\ t)}{\mathrm{d}t} \tag{3-211}$$

式中，R_{ct} 为电荷转移电阻。

$$R_{\mathrm{ct}} = \left(\frac{\partial E}{\partial i}\right)_{c_{\mathrm{O}}(0,\ t),\ c_{\mathrm{R}}(0,\ t)} \tag{3-212}$$

$$\beta_{\mathrm{O}} = \left[\frac{\partial E}{\partial c_{\mathrm{O}}(0,\ t)}\right]_{i,\ c_{\mathrm{R}}(0,\ t)} \tag{3-213}$$

$$\beta_{\mathrm{R}} = \left[\frac{\partial E}{\partial c_{\mathrm{R}}(0,\ t)}\right]_{i,\ c_{\mathrm{O}}(0,\ t)} \tag{3-214}$$

要获得 $\mathrm{d}E/\mathrm{d}t$ 的表达式要求出式（3-211）的 6 个因子。其中 R_{ct}、β_{O} 和 β_{R} 3 个参数依赖于电极反应的动力学性质，其余 3 个因子可按以下方法求得。

如果电流是

$$i = I\sin\omega t \tag{3-215}$$

则有

$$\frac{\mathrm{d}i}{\mathrm{d}t} = i\omega\cos\omega t \tag{3-216}$$

假设半无限性扩散，其起始条件为 $c_O(x, 0) = c_O^*$，$c_R(x, 0) = c_R^*$ 由 3.2.4 节的公式可直接写出

$$c_O(0, s) = \frac{c_O^*}{s} + \frac{i(s)}{nFAD_O^{1/2}s^{1/2}} \tag{3-217}$$

$$c_R(0, s) = \frac{c_R^*}{s} - \frac{i(s)}{nFAD_R^{1/2}s^{1/2}} \tag{3-218}$$

用卷积定理做 Laplace 逆变换

$$c_O(0, t) = c_O^* + \frac{1}{nFAD_O^{1/2}\pi^{1/2}}\int_0^t \frac{i(t-u)}{u^{1/2}}\mathrm{d}u \tag{3-219}$$

$$c_R(0, t) = c_R^* - \frac{1}{nFAD_R^{1/2}\pi^{1/2}}\int_0^t \frac{i(t-u)}{u^{1/2}}\mathrm{d}u \tag{3-220}$$

当 t 以 $t-u$ 形式存在时，式（3-215）可写为 $i = I\sin\omega(t-u)$，又 $\sin\omega(t-u) = \sin\omega t\cos\omega u - \cos\omega t\sin\omega u$，则

$$\int_0^t \frac{I\sin\omega(t-u)}{u^{1/2}}\mathrm{d}u = I\sin\omega t\int_0^t \frac{\cos\omega u}{u^{1/2}}\mathrm{d}u - I\cos\omega t\int_0^t \frac{\cos\omega u}{u^{1/2}}\mathrm{d}u \tag{3-221}$$

当 $t = \infty$，可得到稳态值：

$$\int_{稳} \frac{I\sin\omega(t-u)}{u^{1/2}}\mathrm{d}u = I\sin\omega t\int_0^\infty \frac{\cos\omega u}{u^{1/2}}\mathrm{d}u - I\cos\omega t\int_0^\infty \frac{\cos\omega u}{u^{1/2}}\mathrm{d}u = \left(\frac{\pi}{2\omega}\right)^{1/2}(\sin\omega t - \cos\omega t) \tag{3-222}$$

把式（3-222）代入式（3-219）和式（3-220）得到

$$c_O(0, t) = c_O^* + \frac{1}{nFA(2D_O\omega)^{1/2}}(\sin\omega t - \cos\omega t) \tag{3-223}$$

$$c_R(0, t) = c_R^* - \frac{1}{nFA(2D_R\omega)^{1/2}}(\sin\omega t - \cos\omega t) \tag{3-224}$$

对 $c_O(0, t)$、$c_R(0, t)$ 求导得到

$$\frac{\mathrm{d}c_O(0, t)}{\mathrm{d}t} = \frac{1}{nFA}\left(\frac{\omega}{2D_O}\right)^{1/2}(\sin\omega t + \cos\omega t) \tag{3-225}$$

$$\frac{\mathrm{d}c_R(0, t)}{\mathrm{d}t} = \frac{1}{nFA}\left(\frac{\omega}{2D_R}\right)^{1/2}(\sin\omega t + \cos\omega t) \tag{3-226}$$

将式（3-216）、式（3-225）、式（3-226）代入式（3-211）得到

$$\frac{\mathrm{d}E}{\mathrm{d}t} = \left(R_{ct} + \frac{\sigma}{\omega^{1/2}}\right)I\omega\cos\omega t + I\sigma\omega^{1/2}\sin\omega t \tag{3-227}$$

式中

$$\sigma = \frac{1}{nFA\sqrt{2}}\left(\frac{\beta_O}{D_O^{1/2}} - \frac{\beta_R}{D_R^{1/2}}\right) \tag{3-228}$$

法拉第阻抗 Z_f 可表示为电阻 R_S 和假电容 C_S 串联，也可表示电荷转移电阻 R_{ct} 和另一个表示物质传递电阻的一般阻抗 Z_W（Warburg 阻抗），即 $Z_f = R_{ct} + Z_W$，如图 3-34 所示。

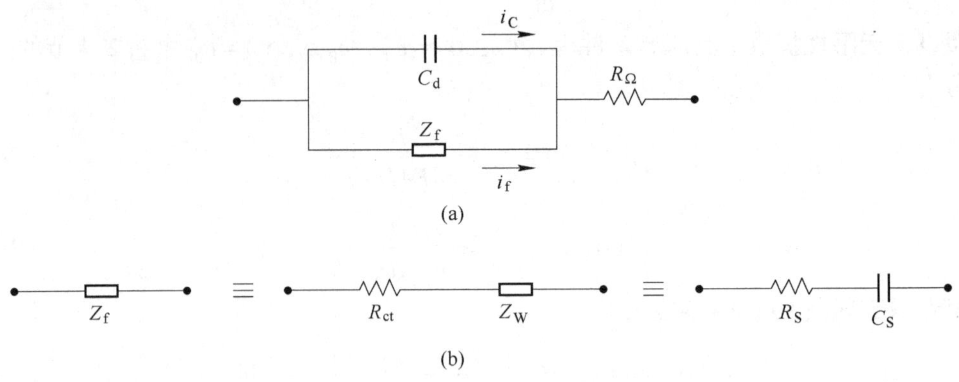

图 3-34　电化学池的等效电路

（a）电化学池的等效图；（b）把 Z_f 分成 R_S 和 C_S 或 R_{ct} 和 Z_W

Warburg 阻抗的电阻项为 $R_W = \sigma/\omega^{1/2}$，电容项为 $C_W = C_S = 1/\sigma\omega^{1/2}$，故 $R_S = R_{ct} + \sigma/\omega^{1/2}$，其中 σ 是与传质过程有关的参数。按照复阻抗的表示法，法拉第阻抗可表示为：

$$Z_f = R_{ct} + R_W - j/(\omega C_W) = R_{ct} + [\sigma\omega^{-1/2} - j(\sigma\omega^{-1/2})] \tag{3-229}$$

3.5.3　由法拉第阻抗求动力学参数

法拉第阻抗式（3-229）包含 3 个参数 R_{ct}、β_O、β_R，要利用它求电极反应动力学参数，必须找出这三个参数与动力学参数的关系。

从电流-超电势开始，若以氧化电流为正

$$-\frac{i}{i_0} = \frac{c_O(o,\ t)\exp[-an\eta F/RT]}{c_O^*} - \frac{c_R(0,\ t)\exp[(1-a)n\eta F/RT]}{c_R^*} \tag{3-230}$$

在法拉第阻抗测量的实验中，工作电极处在平衡电势条件下进行，由于正弦调制电压的振幅较小，故当 η 较小时，可以采用线性化关系，当 $an\eta F/RT \ll 1$ 时，式（3-230）按 Taylor 级数展开，忽略高次项后得到

$$-\frac{i}{i_0} = \frac{c_O(o,\ t)}{c_O^*} - \frac{c_R(0,\ t)}{c_R^*} - \frac{nF\eta}{RT} \tag{3-231}$$

则

$$\eta = \frac{RT}{nF}\left[\frac{c_O(o,\ t)}{c_O^*} - \frac{c_R(0,\ t)}{c_R^*} + \frac{i}{i_0}\right] \tag{3-232}$$

因此

$$R_{ct} = \frac{RT}{nFi_0} \tag{3-233}$$

$$\beta_O = \frac{RT}{nFc_O^*} \tag{3-234}$$

$$\beta_R = \frac{RT}{nFc_R^*} \tag{3-235}$$

$$R_S - \frac{1}{\omega C_S} = R_{ct} = \frac{RT}{nFi_0} \tag{3-236}$$

当 R_S、C_S 已知时，可求得交换电流 i_0，并得到 $k^\ominus$。

由式（3-236）可知，原则上可从单一频率的数据得到 i_0，但最好研究阻抗与频率的依赖关系。由

$$R_S = R_{ct} + \sigma/\omega^{1/2} \tag{3-237}$$

$$C_S = \frac{1}{\sigma\omega^{1/2}} \tag{3-238}$$

可知，R_S 和 $1/(\omega C_S)$ 二者都与 $\omega^{-1/2}$ 呈线性关系（图 3-35），其斜率都为 σ，把式（3-234）和式（3-235）代入式（3-238）可得：

$$\sigma = \frac{RT}{n^2F^2A\sqrt{2}}\left(\frac{1}{D_O^{1/2}c_O^*} + \frac{1}{D_R^{1/2}c_R^*}\right) \tag{3-239}$$

对 R_S 作图的截距为 R_{ct}，由它可求得 i_0。

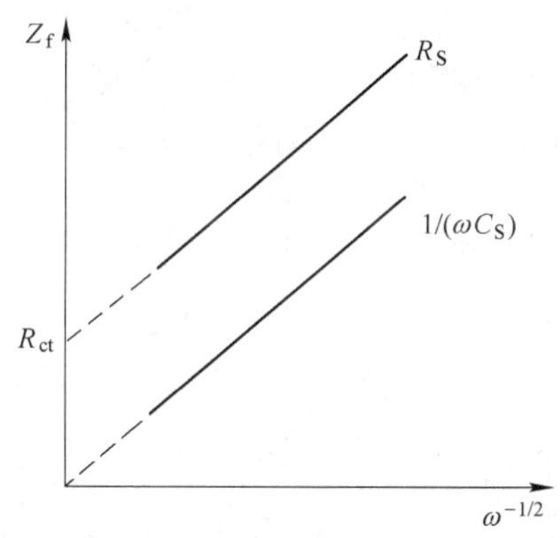

图 3-35　法拉第阻抗频谱图

对于可逆体系，电荷转移步骤很快时，$i_0 \to 0$，因此 $R_{ct} \to 0$，$R_S \to \sigma/\omega^{1/2}$。由于可逆电阻和容抗完全相等，法拉第阻抗仅仅是 Warburg 阻抗，故可表示为

$$Z_f = (2/\omega)^{1/2}\sigma$$

3.5.4　交流电化学阻抗谱

当用一角频率为 ω，振幅足够小的正弦波电流信号对一个稳定的电极系统进行扰动时，相应地电极电势就做出角频率为 ω 的正弦波响应，从被测电极与参比电极之间输出一个角频率是 ω 的电压信号，此时电极系统的频响函数就是电化学阻抗。交流电化学阻抗谱技术是在某一直流极化条件下，特别是在平衡电势条件下，研究电化学系统交流阻抗随频率的变化关系。由不同频率下的电化学阻抗数据绘制的各种形式的曲线，称为电化学阻抗谱（EIS）。电化学阻抗谱包括许多不同的种类，其中最常见的是阻抗复平面图和阻抗波特图。

阻抗复平面图是以阻抗的实部 Z_{Re} 为横轴，以阻抗的虚部 Z_{Im} 为纵轴绘制的曲线，即 Nyquist 图。这种图的优点是，曲线上每一点都是一个矢量，将矢量的大小和方向都表示得很直观；它的缺点是矢量的各个参数与频率的关系不能清楚地表示出来。为了弥补这一

缺点，有时在复平面上选择几个点，注明与之相应的频率；另一种是用 $\lg|Z|-\lg\omega$（称为 Bode 模图）和 $\phi-\lg\omega$（称为 Bode 相图）两条曲线来表示阻抗的频谱特征，此即 Bode 图。

当测量电解池总阻抗 Z 是电池的串联等效电阻 R_B 和等效电容 C_B 的串联组合时，电解池的等效电路可用图 3-36 表示，两个分量代表了 Z 的实部 Z_{Re} 和虚部 Z_{Im}，

$$Z_{Re}=R_B=R_\Omega+\frac{R_S}{A^2+B^2} \tag{3-240}$$

式中，$A=(C_d/C_S)+1$；$B=\omega R_S C_d$。

$$Z_{Im}=\frac{1}{\omega C_B}=\frac{\dfrac{B^2}{\omega C_d}+\dfrac{A}{\omega C_S}}{A^2+B^2} \tag{3-241}$$

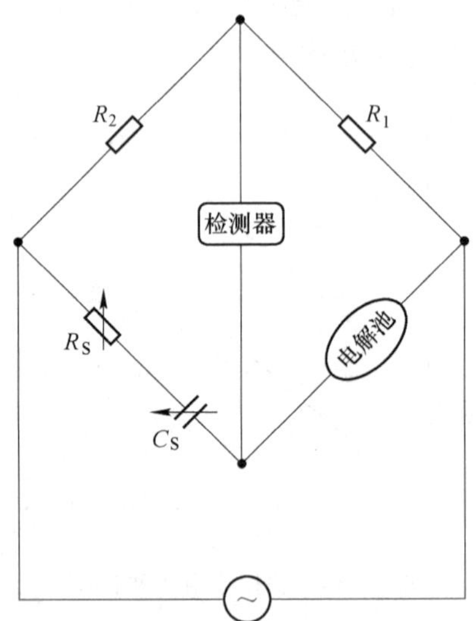

图 3-36　交流电桥法测电解池的阻抗

将 R_S 和 C_S 由式（3-237）和式（3-238）代替，可得：

$$Z_{Re}=R_\Omega+\frac{R_{ct}+\sigma\omega^{-1/2}}{(C_d\sigma\omega^{1/2}+1)^2+\omega^2C_d^2(R_{ct}+\sigma\omega^{-1/2})^2} \tag{3-242}$$

$$Z_{Im}=\frac{\omega C_d(R_{ct}+\sigma\omega^{-1/2})+\sigma\omega^{-1/2}(\omega^{1/2}C_d\sigma+1)}{(C_d\sigma\omega^{1/2}+1)^2+\omega^2C_d^2(R_{ct}+\sigma\omega^{-1/2})^2} \tag{3-243}$$

通过不同的 ω 值绘制 Z_{Im} 对 Z_{Re} 图，可获取化学信息，存在以下两种极限。

（1）低频率。当 $\omega\to 0$ 时，式（3-242）和式（3-243）可写为：

$$Z_{Re}=R_\Omega+R_{ct}+\sigma\omega^{-1/2} \tag{3-244}$$

$$Z_{Im}=\sigma\omega^{-1/2}+2\sigma^2C_d \tag{3-245}$$

即

$$Z_{Im}=Z_{Re}-R_\Omega-R_{ct}+2\sigma^2C_d \tag{3-246}$$

因此 Z_{Im} 对 Z_{Re} 作图为一条直线，由式（3-244）和式（3-245）可知频率在此区域依赖于 Warburg 阻抗，即 Z_{Im} 和 Z_{Re} 的线性相关性是一个扩散控制电极的过程。

（2）高频率。当频率升高时，相对于 R_{ct}，Warburg 阻抗变得不重要了，等效电路变为如图 3-37 所示的电路，阻抗为

$$Z = R_{\Omega} - j\left(\frac{R_{ct}}{R_{ct}C_{d}\omega - j}\right) \tag{3-247}$$

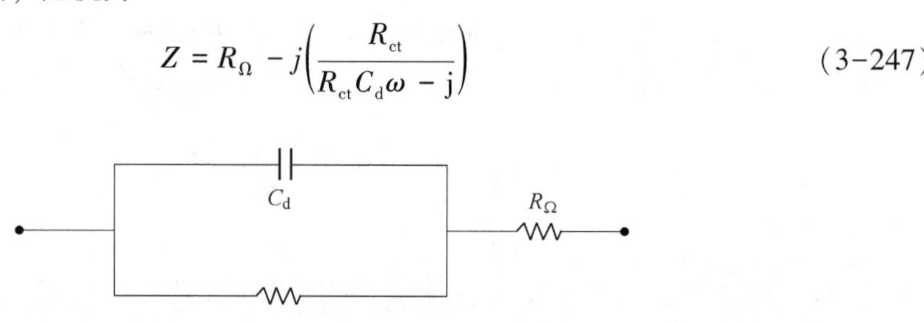

图 3-37 Warburg 阻抗较小体系下的等效电路

其实部 Z_{Re} 和虚部 Z_{Im} 分别为

$$Z_{Re} = R_{\Omega} + \frac{R_{ct}}{1 + \omega^{2}C_{d}{}^{2}R_{ct}{}^{2}} \tag{3-248}$$

$$Z_{Im} = \frac{\omega C_{d}R_{ct}{}^{2}}{1 + \omega^{2}C_{d}{}^{2}R_{ct}{}^{2}} \tag{3-249}$$

即

$$\left(Z_{Re} - R_{\Omega} - \frac{R_{ct}}{2}\right)^{2} + Z_{Im}{}^{2} = \left(\frac{R_{ct}}{2}\right)^{2} \tag{3-250}$$

因此，Z_{Im} 对 Z_{Re} 作图为一中心在 $Z_{Re}=R_{\Omega}+\frac{R_{ct}}{2}$的圆形，如果 $Z_{Im}=0$，半径则为 $R_{ct}/2$。如图 3-38 所示。

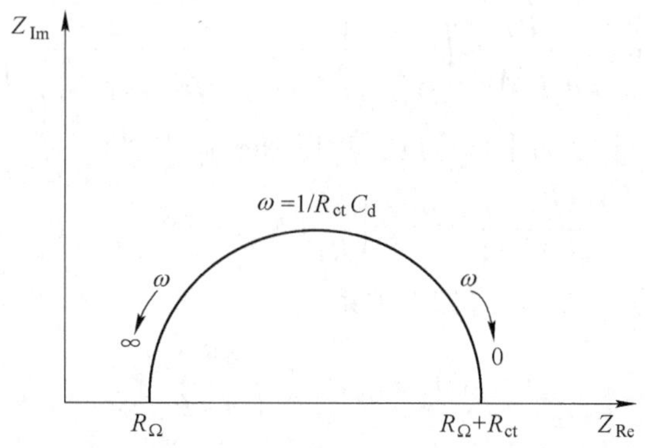

图 3-38 Warburg 阻抗较小体系下的等效电路的阻抗谱图

对于任意给定体系，通称由高频、中频或低频区等多个区域构成。图 3-39 所示为一实际的阻抗图。

测量获取阻抗谱以后，EIS 的解析尤为重要。传统的方法是找出一个等效电路，然后根据等效电路的结构，对电极过程的动力学提出解释。组成等效电路的元件叫等效元件。用等效电路将电化学阻抗谱与电极过程动力学模型联系起来的方法比较具体直观，所以迄今为止等效电路依然是电化学阻抗谱的主要分析方法。

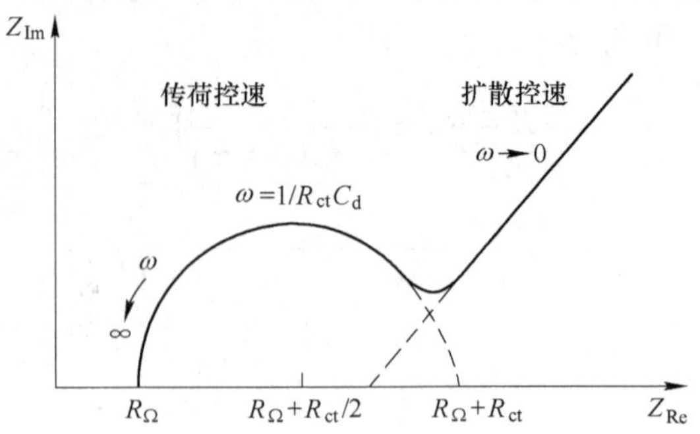

图 3-39 电化学体系的阻抗谱

3.5.5 交流伏安法

法拉第阻抗既是频率的函数，也是直流极化电势的函数。交流伏安法则是在某一选定的频率下，研究交流电流的振幅和相位随直流极化电势的变化关系。

3.5.5.1 线性扫描交流伏安法

（1）可逆体系。若在仅含有 O 溶液中进行可逆电极反应 $O+ne^- \rightleftharpoons R$，由于电势线性变化，不同于平衡值 $E^{\ominus'}$，因此 $c_O(0, t)$ 和 $c_R(0, t)$ 不同于 c_O^* 和 c_R^*，存在扩散层。一般扩散层的厚度远大于叠加小振幅快速变化的交流电压的扰动所达到的范围，因此在交流实验中，由缓慢线性扫描直流电势建立的平均表面浓度 $c_O(0, t)$ 和 $c_R(0, t)$ 可视为叠加交流电压信号的本体浓度。

对于电极体系电荷传递电阻可以忽略，式（3-239）可使用，此时

$$\sigma = \frac{RT}{n^2F^2A\sqrt{2}}\left(\frac{1}{D_O^{\frac{1}{2}}c_O(0, t)_m} + \frac{1}{D_R^{\frac{1}{2}}c_R(0, t)_m}\right) \tag{3-251}$$

式中，$c_O(0, t)_m$、$c_R(0, t)_m$ 为平均浓度，考虑 Nernst 方程有

$$\frac{c_O(0, t)_m}{c_R(0, t)_m} = \exp\left[\frac{nF}{RT}(E_{dc} - E^{\ominus'})\right] \equiv \theta \tag{3-252}$$

对于电势直流的部分（E_{dc}）有如下关系

$$c_O(0, t)_m = c_O^* \frac{\varepsilon\theta_m}{1 + \varepsilon\theta_m} \tag{3-253}$$

$$c_R(0, t)_m = c_O^* \frac{\varepsilon}{1 + \varepsilon\theta_m} \tag{3-254}$$

式中，$\varepsilon = \left(\frac{D_O}{D_R}\right)^{1/2}$。将式（3-253）、式（3-254）代入式（3-251），再代入 $Z_f = \left(\frac{2}{\omega}\right)^{1/2}\sigma$（见 3.5.3 节），得到

$$Z_f = \frac{RT}{n^2F^2Ac_O^*\sqrt{D_O\omega}}\left(\frac{1}{\varepsilon\theta_m} + 2 + \varepsilon\theta_m\right) \tag{3-255}$$

令 $\varepsilon\theta_m \equiv e^a$

$$a=\frac{nF}{RT}(E_{dc}-E_{\frac{1}{2}}) \tag{3-256}$$

式中，$E_{\frac{1}{2}}$为可逆半波电势，

$$E_{\frac{1}{2}}=E^{\ominus'}+\frac{nF}{RT}\ln\frac{D_R^{\frac{1}{2}}}{D_O^{\frac{1}{2}}} \tag{3-257}$$

则式（3-255）中等号右侧的括号内的相可写为 $e^{-\alpha}+2+e^{\alpha}=(e^{-\alpha/2}+e^{\alpha/2})^2$，也就是 $4\cosh^2(\alpha/2)$，故式（3-255）可改写为：

$$Z_f=\frac{4RT\cosh^2\left(\frac{\alpha}{2}\right)}{n^2F^2Ac_O^*\sqrt{D_O\omega}} \tag{3-258}$$

交流电流分量的振幅 I 等于交流电势的振幅 E 同法拉第阻抗的膜$|Z_f|$之比，即 $I=\frac{E}{|Z_f|}$，因此将式（3-258）代入，得到

$$I=\frac{n^2F^2Ac_O^*\sqrt{D_O\omega}E}{4RT\cosh^2(\alpha/2)} \tag{3-259}$$

由于 α 是 E_{dc} 的函数，式（3-259）即为交流电流振幅 I 同直流极化电势 E_{dc} 的关系，如图 3-40 所示。这个钟形曲线是由因子 $\cosh^{-2}(\alpha/2)$ 所致，它反映了阻抗 Z_f 对电势的依赖关系。

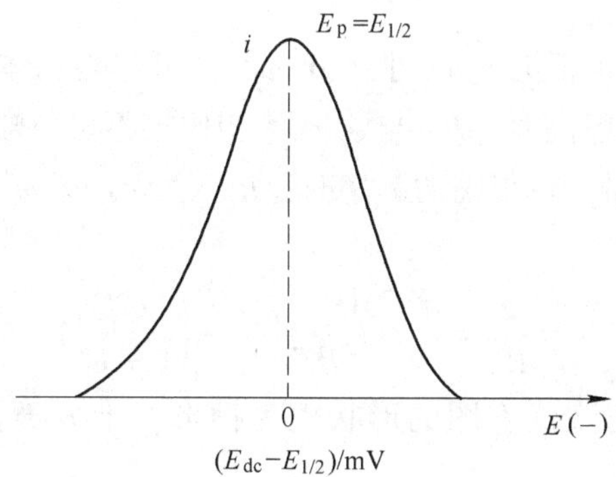

图 3-40 可逆体系的交流极谱图

在 $\alpha/2=0$ 或 $E_{dc}=E_{1/2}$ 时电流具有极大值，

$$I_p=\frac{n^2F^2Ac_O^*\sqrt{D_O\omega}E}{4RT} \tag{3-260}$$

对于可逆体系，钟形的交流极谱图是对称的，且有

$$E_{dc}=E_{1/2}+\frac{2RT}{nF}\ln\left[\left(\frac{I_p}{I}\right)^{1/2}-\left(\frac{I_p-I}{I}\right)^{1/2}\right] \tag{3-261}$$

由式（3-259）~式（3-261）可以看出，峰电流 I_p 与 n^2、$\omega^{1/2}$ 和 c_O^* 成比例，当 E 较小时，一般 $E<10n$/mV，I_p 也与 E 有线性关系。

（2）准可逆与不可逆体系。设直流过程是可逆的，交流过程为准可逆或不可逆，在这

种情况下，如果反应速率常数 $k^{\ominus}$ 足够大，表面浓度仍能由 E_{dc} 和 Nernst 方程决定；若 $k^{\ominus}$ 值不足够大，则可以忽略快速变化的交流电势扰动和电荷转移电阻，在此时，法拉第阻抗包括 R_{ct} 和 σ，由式（3-229）可得

$$Z_f = \left[\left(R_{ct} + \frac{\sigma}{\omega^{1/2}}\right)^2 + \left(\frac{\sigma}{\omega^{1/2}}\right)^2\right]^{1/2} \tag{3-262}$$

结合式（3-229），并假定直流可逆求得：

$$\sigma = \frac{4RT}{\sqrt{2}n^2F^2AD_O^{1/2}c_O^*}\cosh^2(\alpha/2) \tag{3-263}$$

对于交流过程，其表面平均浓度可是其本体浓度，则对于交流扰动的有效交换电流有如下表达式

$$(i_0)_{eff} = nFAk^{\ominus}[c_O(0,\ t)_m]^{(1-\alpha)}[c_R(o,\ t)_m]^{\alpha} \tag{3-264}$$

E_{dc} 的值决定了表面平均浓度，从而控制 $(i_0)_{eff}$，也控制 R_{ct}。将式（3-253）和式（3-254）代入式（3-264），同样令 $\varepsilon\theta_m \equiv e^{\alpha}$，可得

$$(i_0)_{eff} = nFAk^{\ominus}c_O^*\varepsilon^{\alpha}\left(\frac{e^{\beta\alpha}}{1+e^{\alpha}}\right) \tag{3-265}$$

式中，$\beta = 1-\alpha$。由于 $R_{ct} = RT/nfi_0$，因此

$$R_{ct} = \frac{RT}{n^2F^2Ak^{\ominus}c_O^*\varepsilon^{\alpha}}\left(\frac{1+e^{\alpha}}{e^{\beta\alpha}}\right) \tag{3-266}$$

把式（3-263）和式（3-266）代入式（3-262）便能求得法拉第阻抗的表达式。对于式（3-262）有以下极限情况。

1）当交流电压的频率很低时，R_{ct} 小于 $\sigma/\omega^{1/2}$，可忽略，体系可看做可逆体系。

2）当交流电压的频率很高时，R_{ct} 与 $\sigma/\omega^{1/2}$ 相比较不可忽略。随着频率的升高，交流电极过程的不可逆程度增加，在很高的频率时，R_{ct} 远大于 $\sigma/\omega^{1/2}$，Z_f 可近似于 R_{ct}，此时交流电流的振幅为

$$I = \frac{E}{R_{ct}} = \frac{n^2F^2Ak^{\ominus}c_O^*\varepsilon^{\alpha}E}{RT}\left(\frac{e^{\beta\alpha}}{1+e^{\alpha}}\right) \tag{3-267}$$

式（3-267）描述的交流伏安图的形状也为钟形，十分类似于可逆体系的交流伏安图，但波形不对称。

式（3-267）对 α 微分，在 $e^{\alpha} = \beta/\alpha$ 时可得到峰电势：

$$E_p = E_{1/2} + \frac{RT}{nF}\ln\frac{\beta}{\alpha} \tag{3-268}$$

因此，峰电流的幅值为：

$$I_p = \frac{n^2F^2Ak^{\ominus}c_O^*\varepsilon^{\alpha}E}{RT}\beta^{\beta}\alpha^{\alpha} \tag{3-269}$$

由以上分析可知，在可逆的情况下或很低的频率时，峰电流 I_p 与 $\omega^{1/2}$ 呈线性，但随着频率的不断增加 I_p 对 ω 的依赖性减小，在极高的频率时，电流完全受异相动力学控制，而传质过程不起作用，此时 I_p 与 ω 无关。即在高频率时，I_p 与 $k^{\ominus}$ 成比例，而在低频率时，$k^{\ominus}$ 的影响很小可忽略，但在所有的频率下，I_p 与本体浓度 c_O^* 和交流电压的振幅 E 成比例。

3.5.5.2 循环交流（AC）伏安法

循环交流伏安法保留了普通循环伏安法的优点，但是它改进了响应函数，容易得到准确的定量信息，是一种非常有用的方法，循环交流伏安法的处理与线性扫描交流伏安法介绍的相同。电极假设是静止的。对于可逆体系，平均表面浓度无条件地遵从式（3-253）和式（3-254），在任意电势下无论正向扫描或逆向扫描，其值均相等，因此正向与逆向扫描的曲线完全重合，在直流循环伏安法中，若峰值电势差为 60/n mV，并与扫描速度无关，则为可逆；在交流循环伏安法中，正向与反向的峰电势相同，且峰的半宽度为 90/n mV，并与扫描速度无关，则为可逆。

4 电化学实验常用仪器

用于进行电化学测量的仪器装置通常包括三大部分：(1) 产生所需激励信号的信号发生器 (signal generator)；(2) 信号的控制和测量部分，如用于控制电极电势的恒电势仪 (potentiostat)，恒电势仪只是沿用的名称，现在的恒电势仪同时也是可以控制极化电流的恒电流仪 (galvanostat)；(3) i、E 和 Q 等信号的记录和显示仪器，如 $X-Y$ 记录仪或示波器。三部分仪器互相连接，恒电势仪与电解池相连，从而实现对电化学系统中电流、电压等信号的控制和测量。其中，信号的控制和测量部分是整套装置的核心部分。

在现代仪器中，恒电势仪以及其他控制、测量模块通常是由运算放大器 (operational amplifier) 构建的一些模拟器件，模拟器件 (analog devices) 是能够处理连续电信号的仪器装置。函数发生器、记录仪等也可使用模拟器件，但目前更常用的是由计算机产生的数字信号通过数模转换器 (digital-to-analog converter，DAC) 转换后直接输入到恒电势仪中，而信号的接收通常也是通过一个模数转换器 (analog-to-digital converter，ADC) 输入计算机，由计算机来完成信号的记录及后续处理。

构成模拟器件的基本单元是集成运算放大器，以下首先讨论运算放大器的性质和由运算放大器构建的典型电路。

4.1 运算放大器

运算放大器 (简称运放) 是一块单独封装的集成电路，对于电化学研究者而言，无须了解运算放大器的内部结构，只要知道它的性质以及在电路中的行为就足够了。

运算放大器有许多引脚，不同封装结构的运算放大器，其引脚略有不同，每个引脚的功能和接线方式可从手册中查到。通常运放需要两个电源，一个是+15V，另一个是-15V，它们的值都是相对于称为“地”的电路公共端，多数测量都是相对于这一公共端进行的，而不必一定同真正的大地相连。运算放大器在电路中的示意图如图 4-1 所示，运算放大器的两个输入端分别以图中所示的“-”和“+”来标注。“-”端称为反相输入端，其输入电压为 e_b，“+”端称为同相输入端，其输入电压为 e_a。输出端的电压为 e_0。

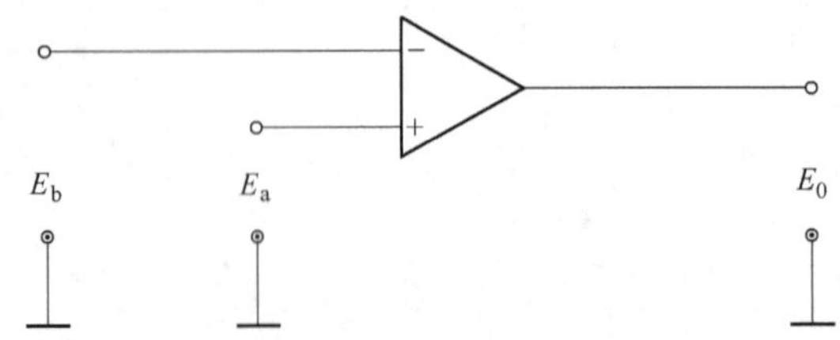

图 4-1 运算放大器的示意图

运算放大器的开环增益（或称开环放大倍数）A 是它的输出电压差 E_0 和两个输入端之间的电压差 E_a-E_b 的比值，即

$$A = \frac{E_0}{E_A - E_B} \tag{4-1}$$

电化学仪器电路中应用的运算放大器在绝大多数情况下都可看作是理想运算放大器，可按理想运放分析电路功能，只是在分析电路性能指标时才需要考察实际运算放大器和理想运算放大器的差别。

运算放大器具有如下性质。

（1）理想运放的开环增益无穷大，因此在没有负反馈的情况下，最小的输入电压差 E_a-E_b 也会使它的输出达到电源的极限输出值［通常是±(13～14)V］。如果理想运放工作在任一电路中，输出电压处于电压极限范围中的有限值时，两个输入端必然处于相同的电势下。

不同型号的实际运放对直流信号的开环增益一般在 10^4～10^8 之间，常用运放的典型值为 10^5。

（2）理想运放的输入阻抗无穷大，因此，理想运放可以在不从电压源引入电流的情况下引入电压，这样可以在不干扰被测体系的情况下处理它的电压信号，即从反相、同相输入端流入理想运放的电流为零。

不同型号的实际运放的输入阻抗是 10^5～$10^{13}\Omega$，根据需要可选择具有适当输入阻抗的运放型号，如在测量高阻电压源的电压时，可选择高输入阻抗的元件。

（3）理想运放的输出阻抗为零，因此，可以对其负载提供任意所需要的电流，即输出电压 E_0 不受负载影响。

实际运放有输出极限的限制，一般运放的电压输出极限为±(13～14)V，电流输出极限为±(5～100)mA。

（4）理想运放的带宽无穷大。因此，理想运放能迅速地响应任意频率的信号，具有零响应时间。

根据不同的设计要求，可以在带宽为 100Hz～1GHz 的运放中进行选择。

（5）理想运放的直流偏置为零。当 $E_a-E_b=0$ 时，$E_0=0$，不受 E_a 和 E_b 值的影响。

实际运放具有一个小的直流偏置，一般可通过外接可调电阻来调零。

零直流偏置和开环增益无穷大两个条件表明理想运算放大器的 E_a 和 E_b 值总是相等，不受 E_0 变化的影响。若反相输入端接地，那么同相输入端尽管不接地，它的电势也总是保持在地电势，称“接虚地”；输入阻抗无穷大和零输出阻抗两个条件表明理想运算放大器在电路中是理想的隔离功能元件，外电路并不会因为引入运算放大器而受影响，而运算放大器的输出也不受外电路负载的影响；零响应时间条件使我们在分析电路时，可暂时略去失真和延迟引起的误差。

4.2 由运算放大器构成的典型电路

由于很小的输入电压差都会使运放处于饱和状态，达到输出电压极限而失去放大能力，因此通常在电路中，会在输出端和反相输入端之间接一条负反馈回路，从而起稳定运

放的作用。常用的由运放构成的典型电路介绍如下。

4.2.1　电流跟随器

电流跟随器电路如图 4-2 所示。电阻 R_f 是跨接在输出端和反相输入端之间的反馈元件，反馈的电流 i_f 在 R_f 上流过。电路的输入电流是 i_i，它可能是流过研究电极的极化电流。由于运算放大器的输入阻抗很大，因而基本没有电流流进反相输入端。根据克希霍夫定律，所有流入加和点 A 的电流之和为零，因此

$$i_f = - i_i \tag{4-2}$$

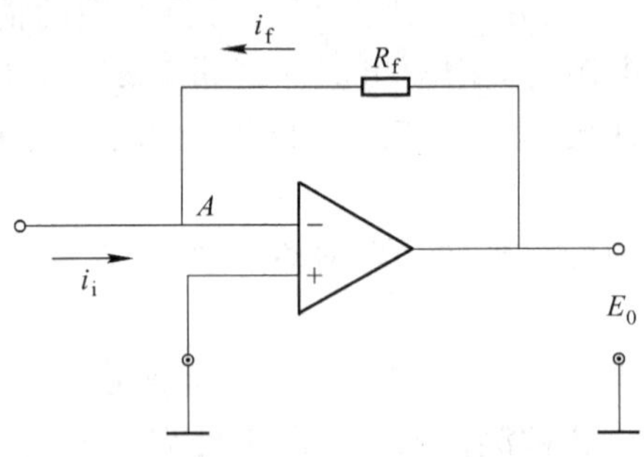

图 4-2　电流跟随器电路

根据理想运放的性质可知，两个输入端实际上是等电势的，由于同相输入端接地，反相输入端就是接虚地，因此，电阻 R_f 上的反馈电流 i_f 为

$$i_f = \frac{E_0}{E_f}$$

根据上式和式（4-2）可得：

$$E_0 = - i_i R_f \tag{4-3}$$

可见，输出电压 E_0 与输入电流成比例，比例系数为 R_f。只要用测量电压的仪器测出 E_0，就可知道 i_i 的数值，即将电流的测量转换为电压的测量，因此，这一电路称为电流跟随器或电流-电压转换器。

4.2.2　反相比例放大器

图 4-3 所示为反相比例放大器电路。电路的输入电流 i_i 为电压 E_i 施加在电阻上产生的电流，即

$$i_i = \frac{E_i}{R_i} \tag{4-4}$$

由于反相输入端为接虚地，因此，流过电阻 R_f 的反电流 i_f 为：

$$i_f = \frac{E_0}{R_f} \tag{4-5}$$

将以上两式代入式（4-1）中，可得：

$$E_0 = - E_i\left(\frac{R_f}{R_i}\right) \tag{4-6}$$

E_0 和 E_i 的相位相反。调节 R_f 和 R_i 的数值可改变 E_0 和 E_i 的比例关系。

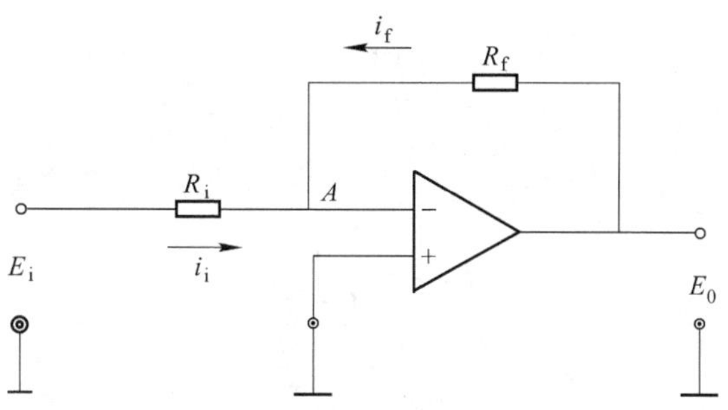

图 4-3　反相比例放大器电路

4.2.3　反相加法器

图 4-4 所示的电路是一个反相加法器电路，3 个不同的输入电压 E_1、E_2 和 E_3 在各自的电阻上产生 3 个输入电流 i_1、i_2、i_3，根据可希霍夫定律，所有流入加和点 A 的电流之和为零，因此：

$$i_f = -(i_1 + i_2 + i_3) \tag{4-7}$$

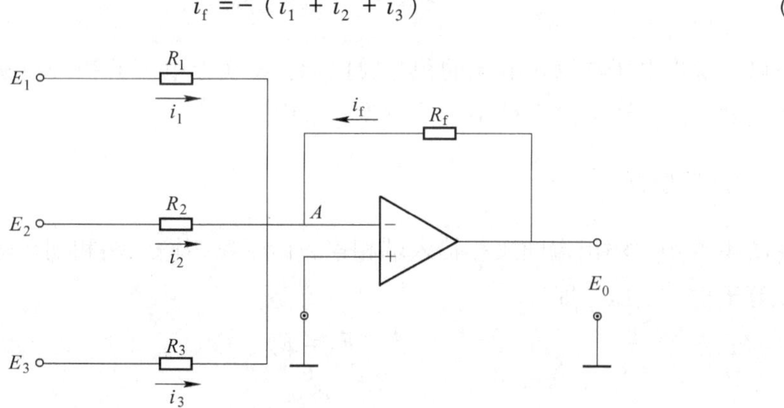

图 4-4　反相加法器电路

由于加和点 A 为接虚地，因此，流过电阻 R_f 的反馈电流 i_f 为：

$$i_f = \frac{E_0}{R_f} \tag{4-8}$$

根据式（4-7）和式（4-8）可得：

$$E_0 = -\left[E_1\left(\frac{R_f}{R_1}\right) + E_2\left(\frac{R_f}{R_2}\right) + E_3\left(\frac{R_f}{R_3}\right)\right] \tag{4-9}$$

由式（4-9）可见，输出电压为按比例放大的各输入电压之和。若所有电阻均相等，则为一个简单加和的反相加法器，有

$$E_0 = -(E_1 + E_2 + E_3) \tag{4-10}$$

4.2.4　电流积分器

在图 4-5 中，反馈元件为电容 C，流过电容的反馈电流 i_f 还是等于电流 i_i，即式

（4-1）仍然适用，则

$$C\frac{dE_0}{dt}=-i_i \qquad (4-11)$$

整理后可得：

$$E_0=-\frac{1}{C}\int i_i dt \qquad (4-12)$$

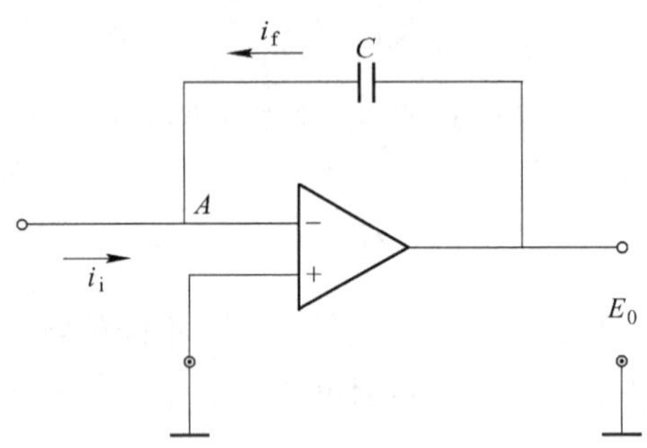

图 4-5 电流积分器电路

所以，输出电压与输入电流的积分成比例，事实上电流的积分就是电量，因而实现了测量电量的功能。该电路常被用于计时库仑法中。

4.2.5 电压跟随器

在图 4-6 中，输出端同反相输入端相连，由于反相输入端和同相输入端等电势，输出电压就等于输入电压，即

$$E_0=E_i \qquad (4-13)$$

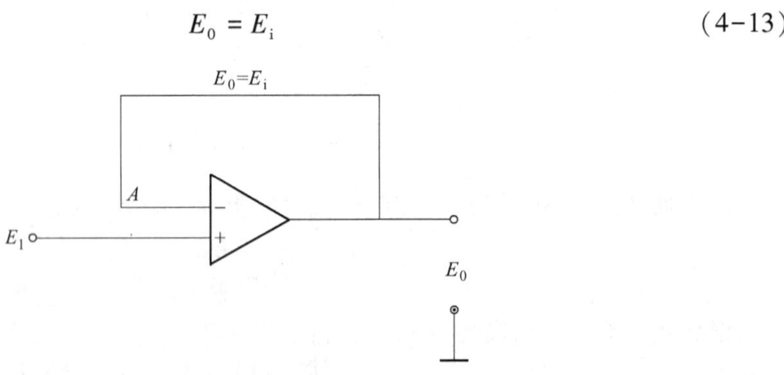

图 4-6 电压跟随器电路

因为输出电压总是跟随着输入电压变化，所以此电路称为电压跟随器。这一电路可作为缓冲级插在电路之中，实现阻抗匹配的功能，因此也称为阻抗变换器。电压跟随器一般选用高输入阻抗的运算放大器，由于具有很高的输入阻抗（如 $10^{12}\Omega$）和很低的输出阻抗（如 100Ω），因此可以从一个不能给出较大电流的器件（如参比电极）取得电压信号，并对一个较大的负载（如记录仪）提供相同的电压信号。

4.3 电导率仪

4.3.1 工作原理

电导率仪是测量电解质溶液电导率的仪器。在电解质的溶液中，带电的离子在电场的影响下产生移动而传递电子，因此，具有导电作用。电解质的电导除与电解质的种类、溶液浓度及温度有关外，还与所用电极的面积 A（cm^2）、两极间距离 l（cm）有关。因为电导是电阻 R 的倒数，因此，测量电导的方法与测量电阻的方法相同，可用电桥平衡法测量，但为了减少或消除当电流通过电极时发生氧化或还原反应而引起的误差，必须采用交流电源。

将两个电极插入溶液中，测出两个极间的电阻。据欧姆定律，温度压力一定时，有

$$R = \rho \frac{l}{A} \tag{4-14}$$

在电导率仪中，常用的电极有铂黑电极或铂光亮电极（统称为电导电极），对于某一给定的电极来说，$1/A$ 为常数，叫作电极常数 Q。每一电导电极的常数由制造厂家给出，式（4-14）的比例常数 ρ 叫电阻率，ρ 的导数为电导率，以 κ 表示，

$$\kappa = Q/R \tag{4-15}$$

电导率仪的工作原理如图 4-7 所示。把振荡器产生的一个交流电压源 E，送到电导池 R，与分压电阻 R_m 的串联回路里，电导池里的溶液电导愈大，R_x 愈小，R_m 获得的电压 E_m 也就越大。将 E_m 送至交流放大器放大，再经过讯号整流，可以获得推动表头的直流信号输出，表头直接读出电导率 κ，由图 4-7 可知：

$$E_m = \frac{ER_m}{R_m + R_x} = \frac{ER_m}{R_m + Q/\kappa} \tag{4-16}$$

当 E，R_m 及 Q 均为常数时，κ 的变化必将引起 E_m 作相应的变化。所以，通过测量 E_m 的大小，也就可测量得到液体电导率的高低。

因为测量信号是交流电，电极极片间及电极引线间会出现不可忽视的分布电容 C_0，导致电导池有电抗存在，这样将电导池作为纯电阻来测量存在比较大的误差，故需采用电容补偿消除之。

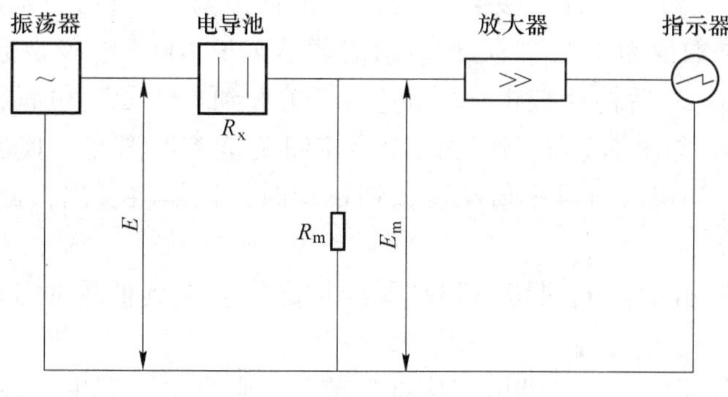

图 4-7 电导率仪的工作原理

4.3.2 仪器的主要技术指标

图 4-8 所示为数显 DDS-11A 型电导率仪面板示意图，该电导率仪具有测量范围广、快速和操作简便等特点，仪器可选用电极常数为 0.01、0.1、1.0、10.0 的四种电导电极。

测量范围：$0\sim1.999\times10^5\mu S/cm$，此范围共分为 5 挡量程。表 4-1 列出各量程的测量范围，以及量程所配用的电导电极和使用的测试频率。

表 4-1 电导率仪测量量程以及配用电极和对应的使用频率

量程	频率（固定式）	电导率/$\mu S\cdot cm^{-1}$	配套电极（塑料）
×1	低周	0~1.999	DJS-1 铂黑电极
×10	低周	0~19.99	DJS-1 铂黑电极
$\times10^2$	高周	0~199.9	DJS-1 铂黑电极
$\times10^3$	高周	0~1999	DJS-1 铂黑电极
$\times10^4$	高周	0~19990	DJS-1 铂黑电极

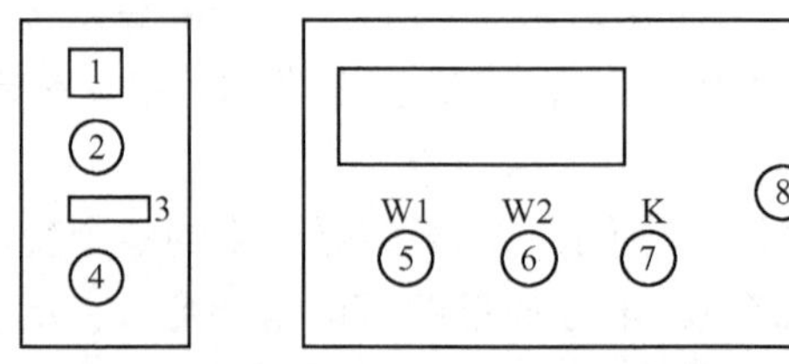

图 4-8 数显 DDS-11A 型电导率仪外部结构示意图

1—电源插座；2—保险丝；3—电源开关；4—电极插座；5—温度开关；6—W2 校正/常数旋钮；7—量程波段开关；8—校正/测量开关

4.3.3 使用方法

电导率仪的使用方法为：

（1）将电极插头插入电导池插座内，接通电源。

（2）将温度旋钮调节至基准温度 25℃（每一次校正都须将温度旋钮调节至基准温度 25℃），将“校正”“测量”开关拨到“校正”位置，调节“校正/常数”旋钮至电极常数值，例如：电极常数值为 1.10，则将显示值调节至 1.100；电极常数值为 0.98，则将显示值调节至 0.980，然后将“校正”“测量”开关拨到“测量”位置，仪器校正结束。

（3）将电极放入被测溶液内，将“温度”旋钮调至溶液温度，仪器读数值×“量程”即是溶液电导率值，当溶液电导率值超过该挡量程时，仪器将溢出，此时需拨动“量程”开关。

（4）当“量程”开关由低周切换到高周或从高周切换到低周时仪器须重新校正，校正方法同（2）。

（5）如果溶液的温度超过仪器的温度补偿范围，则可将“温度”旋钮放在 25℃基准，此时的测量结果为溶液在当时温度下的电导率值，而没有进行温度补偿。

（6）如果溶液的电导率值超过 19990μS/cm，此时须换成常数为 10 的电极，操作方法同上，只要将测量结果×10 即可。

（7）测量时使用的频率为固定式，量程固定了，工作频率就随之固定，×1、×10 为低周，$\times10^2$、$\times10^3$、$\times10^4$ 为高周。

注意事项：

（1）电极插头放入被测溶液之前，需用少量待测溶液冲洗电极 2~3 次。将电极浸入待测溶液时，应将电极上的铂片全部浸入待测溶液中。

（2）测量完毕后，将“校正/测量”开关扳回“校正”位置，关闭电源开关，用去离子水冲洗电极数次后，将电极放入专备的盒内。

4.3.4 电极常数的测定法

电极常数的测定采用参比溶液法，步骤如下：

（1）清洗电极；

（2）配制标准溶液（见表 4-2），配制的成分比例和标准电导率值见表 4-3；

（3）把电导池接入电桥；

（4）控制溶液温度为 25℃；

（5）把电极浸入标准溶液中；

（6）测出电导池电极间电阻值 R；

（7）计算电极常数 Q，$Q=R\times\kappa$，式中，κ 为溶液已知的电导率。

表 4-2　原定电极常数的 KCl 标准溶液的浓度

电极常数 Q/cm^{-1}	0.01、0.1	0.1 或 1 光亮铂	1 光亮或铂黑	1 铂黑或 10 铂黑
KCl 标准浓度	0.001*D*	0.01*D*	0.1*D*	0.1*D* 或 1*D*

注：1. KCl 应该用一级试剂，并需在 110℃烘箱中烘 4h，取出在干燥器中冷却后方可称量。

2. 1*D* 指 20℃下每升溶液中 KCl 为 74.2460g；0.1*D* 指 20℃下每升溶液中 KCl 为 7.4635g；0.01*D* 指 20℃下每升溶液中 KCl 为 0.7740g；0.001*D* 指 20℃将 100mL 的 0.01*D* 溶液稀释至 1L。

表 4-3　氯化钾标准溶液浓度及其电导率值

温度/℃	浓度/mol·L^{-1}			
	1*D*	0.1*D*	0.01*D*	0.001*D*
15	0.09212	0.010455	0.0011414	0.0001185
18	0.09780	0.011168	0.0012200	0.0001267
20	0.10170	0.011644	0.0012737	0.0001322
25	0.11131	0.012852	0.0014083	0.0001465
35	0.13110	0.015351	0.0016876	0.0001765

4.4 酸 度 计

酸度计又称 pH 计，是用来测量溶液 pH 值的一种常用仪器，同时也可用于测量电极电势。它由指示电极（玻璃电极）、参比电极和用来测量这一对电极所组成的电池电动势的测量装置构成。近年来，出现的由玻璃电极和参比电极合并制成的复合 pH 电极，简化了测量装置。

4.4.1 复合 pH 电极的结构和测量原理

复合 pH 电极的结构如图 4-9 所示。下端的玻璃膜小球是电极的主要部分，直径为 5~10mm，玻璃膜厚度约 0.1mm，内阻不大于 250MΩ，它是用对 pH 敏感的特殊玻璃吹制成的。上部用质量致密的厚玻璃作外壳，Ag-AgCl 电极作为内参比电极，内参比溶液通常采用经 AgCl 饱和的 0.1mol/L HCl。同样以 Ag-AgCl 电极作为外参比电极，外参比电极溶液为经 AgCl 饱和的 3mol/L HCl。电极管内及引线装有屏蔽层，以防静电感应而引起电位漂移。

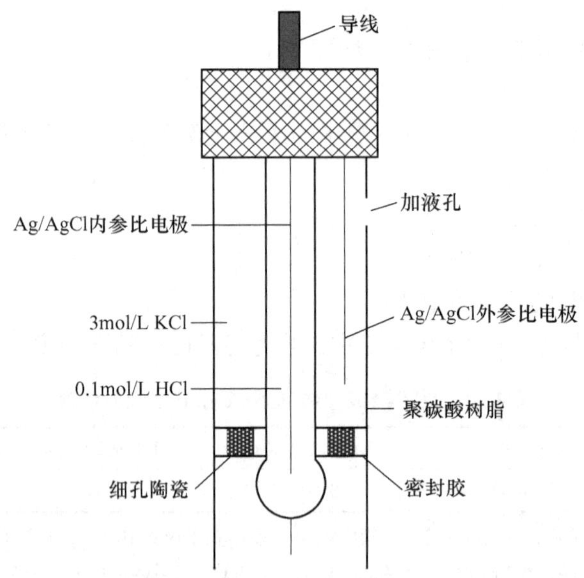

图 4-9 复合 pH 电极结构示意图

当复合电极置于水溶液中时组成了一个电池：

内参比溶液　　　　外部溶液

Ag | AgCl | HCl（0.1mol/L）| 玻璃膜 | 待测溶液 | KCl（3mol/L）| AgCl | Ag

内参比电极　　　　外参比电极

该电池的电动势为：

$$E = \varphi_{Ag/AgCl} - \varphi_{玻} = \varphi_{Ag/AgCl} - (\varphi_{玻}^{\ominus} - 2.303\frac{RT}{F}pH) \tag{4-17}$$

则有

$$pH = \frac{E - \varphi_{Ag/AgCl} + \varphi_{玻}^{\ominus}}{2.303RT/F} \tag{4-18}$$

式中，$\varphi_{Ag/AgCl}$ 和 $\varphi_{玻}$ 分别是外参比电极和玻璃电极的电极电位；$\varphi_{玻}^{\ominus}$可称为玻璃电极的标准电极电位；R、T 和 F 分别是气体常数、热力学温度和法拉第常数。

从理论上讲，用一个已知 pH 值的标准溶液作为待测溶液来测量上述电池的电动势，利用式（4-18）可求得 $\varphi^{\ominus}_{玻}$值。但在实际工作中，并不需要具体计算出该数值，而是通过测定标准缓冲溶液对酸度计进行标定，然后就可以直接进行未知溶液的测量。

在使用复合 pH 电极时应注意：

（1）对于新的或长期未使用的复合 pH 电极，使用前需在 3mol/L KCl 溶液中浸泡 24h。使用完毕应清洗干净，然后将电极套于含有 3mol/L KCl 溶液的保护套中。

（2）电极的玻璃膜球不要与硬物接触，稍有破损或擦毛都将使电极失效。

（3）应注意电极管中是否有外参比溶液，如太少则应从电极管上端的小孔添加 3mol/L KCl 和饱和的 AgCl 混合溶液。

（4）保持电极引出端的清洁与干燥，以免两端短路。

（5）避免电极长期浸泡在蒸馏水、含蛋白质溶液和酸性氟化物溶液中，并严禁与有机硅油酯接触。

（6）使用完毕应将复合电极清洗干净，然后将电极套于含有 3mol/L KCl 溶液的保护套中。

（7）复合 pH 电极的有效期一般为 1 年。但如果添加含有饱和 AgCl 的 3mol/L KCl 混合溶液作为外参比补充溶液，并且使用得当，可延长电极使用期。

4.4.2 酸度计

4.4.2.1 仪器准备

酸度计的生产厂家很多，此处以上海雷磁仪器厂生产的 PHS-3B 型数字显示酸度计为例，简要介绍其工作原理和使用方法，该仪器由电子单元、复合 pH 电极与温度传感器组成测量系统，可测量溶液的 pH 值、电极电势值和温度，并具有温度自动补偿功能，是目前国内较先进的测量 pH 值的仪器。仪器的原理框图如图 4-10 所示。

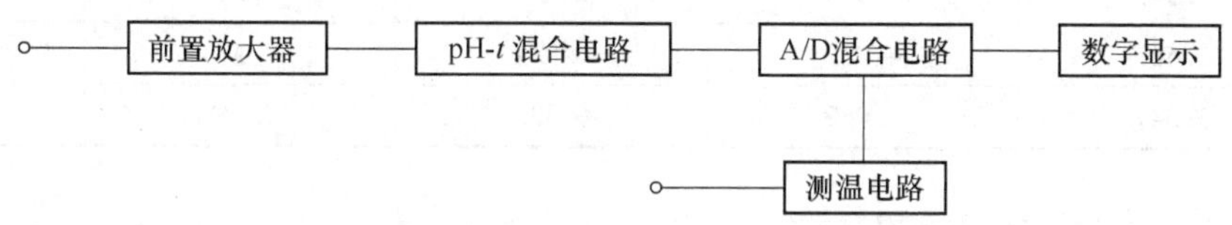

图 4-10 PHS-3B 型酸度计电原理框图

使用酸度计的准备工作：（1）接通电源，预热 30min。（2）pH 值自动和手动温度补偿的使用。自动温度补偿：将仪器后面板上的转换开关置于“自动”位置，仪器就可以进行 pH 值自动温度补偿，此时手动温度补偿不起作用。手动温度补偿：去除温度传感器的插头，将后面板上的转换开关置于“手动”位置，将前面板上的“选择”开关置于“℃”，调节“温度℃”旋钮，使数字显示值与被测溶液中温度计显示值相同即可，测量时同样可达到温度补偿的目的。（3）溶液温度的测量：接上温度传感器的插头，将“选择”开关置于“℃”，数字显示值即为温度传感器所测量的温度值。

4.4.2.2 仪器标定（自动温度补偿）

仪器使用前需进行标定，具体步骤如下：（1）清洗所有的电极和容器，用滤纸轻轻吸干电极表面的水（注意：不能用力摩擦玻璃电极），并接好所有的连线。（2）将“选择”开关调至“pH”挡。（3）将“斜率”旋钮按顺时针旋到底（即 100%的位置）。（4）把复合电极和温度传感器的探头放入 pH=6.86（25℃）或 pH=9.18（25℃）的标准缓冲溶液中，轻轻摇晃几下。(5) 调节“定位”旋钮，使显示的读数与当时温度下该缓冲溶液的 pH 值相一致。IUPAC 推荐的 5 种标准缓冲溶液的 pH 值与温度的关系见表 4-4。(6) 取出电极和探头，用蒸馏水清洗干净，再插入 pH=4.00（25℃）的标准缓冲溶液中，轻轻摇晃几下。调节“斜率”旋钮，使显示的读数与当时温度下该缓冲溶液的 pH 值相一致。(7) 重复步骤（4）～（6），直至不用调节“定位”和“斜率”旋钮为止。(8) 仪器经标定后，“定位”和“斜率”旋钮不应再有变动。

表 4-4　IUPAC 推荐的 5 种标准缓冲溶液的 pH 值与温度的关系

T/℃	25℃下的饱和酒石酸氢钾溶液（0.0341mol/L）	0.05mol/L 的邻苯二甲酸氢钾溶液	0.025mol/L 的 KH_2PO_4 和 0.025mol/L 的 Na_2HPO_4 溶液	0.008695mol/L 的 KH_2PO_4 和 0.03043mol/L 的 Na_2HPO_4 溶液	0.01mol/L 的 $Na_2B_4O_7$ 溶液
0		4.003	6.984	7.534	9.464
5		3.999	6.951	7.500	9.395
10		3.998	6.923	7.472	9.332
15		3.999	6.900	7.448	9.276
20		4.002	6.881	7.429	9.225
25	3.557	4.008	6.865	7.413	9.180
30	3.552	4.015	6.853	7.400	9.139
35	3.549	4.024	6.844	7.389	9.102
38	3.548	4.030	6.840	7.384	9.081
40	3.547	4.035	6.838	7.380	9.068
45	3.547	4.037	6.834	7.373	9.038
50	3.549	4.060	6.833	7.367	9.011

4.4.2.3　溶液 pH 值测量

用蒸馏水清洗电极和探头，用滤纸吸干表面的水，然后插入待测溶液中，轻轻搅动溶液，待显示器读数稳定后即可。

4.5　电位差计

精度高的电位差计在电化学实验中应用非常广泛，如可用于测量电动势和校正电表，作为输出可变精密稳压电源等。电位差计类型很多，下面主要介绍直流电位差计和数字式电子电位差计的构造原理及使用方法。

4.5.1　直流电位差计

4.5.1.1　工作原理

电位差计是根据补偿法（又称为对消法）测量原理设计的一种平衡式电压测量仪器，

其基本工作原理如图 4-11 所示。图中 E_n 为标准电池，它的电动势已经准确测定。常用的标准电池是韦斯登标准电池，其特点是电动势稳定，20℃时的电动势 $E_{20℃}=1.01864V$，随温度变化关系式为

$$E_T = E_{20℃} + \Delta E \tag{4-19}$$

式中，$\Delta E=-4.06\times10^{-5}(T-20)-9.5\times10^{-7}(T-20)^2$。

式（4-19）中，T 为实际温度，℃，图 4-11 中 E_x 是被测电池；G 为灵敏度很高的检流计，用来做示零指示；R_n 为标准电池的补偿电阻，其电阻值大小是根据工作电流来选择的；R 是被测电池的补偿电阻，它由已知电阻值的各进位盘组成，通过它可以调节不同的电阻值使其电位降与 E_x 相对消；r 是调节工作电流的变阻器；E 为工作电源；K 为换向开关。

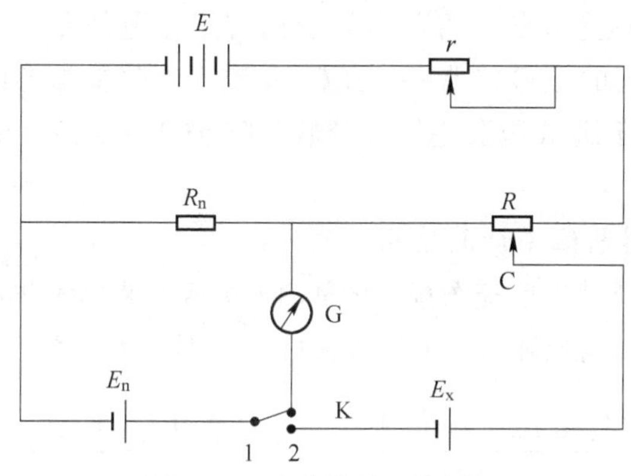

图 4-11 电位差计工作原理

测量时先将开关 K 置于 1 的位置，然后调节 r，使 G 指示为零点，这时有以下关系：

$$E_n = IR_n \tag{4-20}$$

式中，E_n 为标准电池的电动势；I 为流过 R_n 和 R 的电流，称为电位差计的工作电流，即

$$I = E_n/R_n \tag{4-21}$$

工作电流调节好后，将 K 置于 2 的位置，同时旋转各进位盘的触头 C，再次使 G 指示零位。设 C 处的电阻值为 R_c，则有

$$E_x = IR_c \tag{4-22}$$

同时考虑式（4-21），则有

$$E_x = E_n\frac{R_c}{R_n} \tag{4-23}$$

由此可知，用补偿法测量电池电动势的特点是：在完全补偿（G 在零位）时，工作回路与被测回路之间并无电流通过，不需要测出工作回路中的电流 I 的数值，只要测得 R_c 与 R_n 的比值即可。由于这两个补偿电阻的精度高，且 E_n 也经过精确测定，所以只要用高灵敏度检流计示零，就能准确测出被测电池的电动势。

实用的电位差计，由于有一定的精度和级别要求，使用时电位差计一旦经过校正，就可以直接读出被测电池的电动势值。一般较好的电位差计，如 UJ-25 型电位差计，测电动势时配用的检流计的电流灵敏度应高于 10^{-8}A/分格数量级，即 i 可以小于 10^{-8}A 数量级。

如果原电池的内阻 $r=1000\Omega$，则电位差计测量电动势由于内阻存在而导致的误差可达 $\Delta E_x=10^{-8}A\times1000\Omega=10^{-5}V$。若原电池的内阻 $r=100M\Omega$，如玻璃电极与甘汞电极构成的电池，则 $\Delta E_x=10^{-8}A\times100\times10^{6}\Omega=1V$。对于电动势为 1V 左右的原电池，此测量也就没有实际意义了，由此可知，一般不能用电位差计来测量特高内阻电池的电动势。

根据高输入阻抗式原理制成的电动势测量仪器有电子电位差计、数字电压表、函数仪、示波器等。它们的输入阻抗一般有几十兆欧，至少几十千欧，最高输入阻抗可达 $10^{15}\Omega$。用这些仪器测量电动势时，如果电池电动势为 2V，则流经电池的电流最大则为 $i=2V/(10\times10^{6})\Omega-2V/(10\times10^{3})\Omega=(2\times10^{-7}\sim2\times10^{-4})A$，显然用这些仪器去测量电动势时，流过电池的电流 i 就比较小了，如果测量回路中的电流是这些数量级，那么对低内阻的电池来说，如 $r=100\Omega$，则 $\Delta E_x=(100\times2\times10^{-7}\sim100\times2\times10^{-4})V\rightarrow(2\times10^{-5}\sim2\times10^{-2})$ V，这种测量误差在许多情况下是允许的。目前市场上出现了把电位差计、光电检流计、电池电源、标准电池组合在一起的数显仪器——SDC-Ⅱ数字电位差综合测试仪，该仪器精度达 0.05%F.S（%F.S 指对于满量程误差的百分数，FS=full scale)，能在较宽的温度区间保持精度和稳定性。

4.5.1.2 UJ-25 型电位差计的使用

(1) UJ-25 型电位差计的面板布局如图 4-12 所示。使用时先将有关的外部线路，如工作电池、检流计、标准电池和待测电池等接好，切不可将标准电池倒置或摇动。

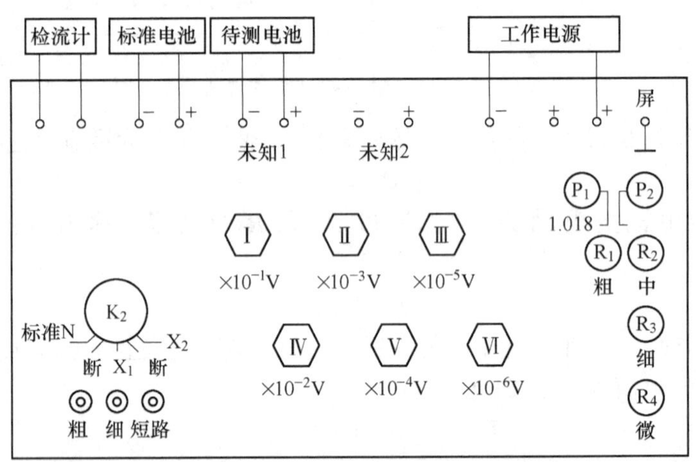

图 4-12 UJ-25 型电位差计面板示意图

(2) 线接好后，接通检流计的电源（220V)，将检流计面板右上方的倒向开关倒向 220V 一边，左边的分流器由“短路”旋至“×1”挡，然后用右下方的旋调节检流计的机械零点，使检流计光标的中央黑线对准检流计刻度“0”。

(3) 记录室温，利用上述原理中的式（4-13）计算室温下的标准电池电动势 E_n（注意：应加上温度校正值)。调节 UJ-25 型电位差计面板上的旋钮 P_1、P_2，使其示值与 E_n 相同（利用旋钮 P_1 调节小数点后第 4 位，P_2 调节小数后至第 5 位)。

(4) 将旋钮 K_2 旋至 N，将旋钮 $R_1\sim R_4$ 调至“0”；轻按一下左下角的“粗”键，观察检流计光标的偏向：按“短路”键可使检流计光标摆动幅度减小，光标停稳后进行下一步调节，逐步调大旋钮 R_1（粗），每调节一次，轻按一下左下角的“粗”键，直至检流计光标反向偏转，此时将旋钮 R_1 调小一挡，再重复以上操作依次调节 $R_2 \sim R_4$（中、细、微），检流计光标偏转很小时，开始按“细”键，直至检流计光标偏转极小（几乎不偏转）为止。此时仪器已标准化，下一步测量待测电池电动势 E_x 时，$R_1 \sim R_4$ 不能再动。

（5）测量待测电池电动势。将待测电池接入测量电路。将旋钮 K 旋至 X_1 或 X_2，将旋钮Ⅰ~Ⅵ调至“0”；轻按一下左下角的“粗”键，观察检流计光标的偏转方向，逐步调大旋钮Ⅰ，每调节一次，轻按一下左下角的“粗”键，直至检流计光标反向偏转，此时将旋钮Ⅰ调小一挡，再重复以上操作依次调节Ⅱ~Ⅵ，检流计光标偏转很小时，开始按“细”键，直至检流计光标偏转极小（几乎不偏转）为止。记下旋钮Ⅰ~Ⅵ上的读数，即为 E_x；再重复两次，注意，每次读数前应进行仪器标准化（可能只需调节 R_3、R_4）。

4.5.1.3 韦斯登标准电池（镉汞标准电池）

使用 UJ-25 型高电位直流电位差计测量电位差时需要标准电池标定工作电流。韦斯登标准电池是常用的标准电池。由于标准电池的电动势具有很好的重现性和稳定性，经过欧姆基准、安培基准标定后，可作为伏特基准器，将伏特基准长期保存下来。在实际工作中，标准电池作为电压测量的标准量具或工作量具，可在直流电位差计电路中提供一个标准的参考电压。

标准电池可分为饱和式、不饱和式两类。前者可逆性好，因而电动势的重现性、稳定性均好，但温度系数较大，需进行温度校正，一般用于精密测量中；后者温度系数很小，但可逆性差，可用在精度要求不很高的测量中，可以免除烦琐的温度校正。饱和与不饱和式的标准电池表达式分别表示如下。

饱和式［$E=1.01860$V（20℃）］：Cd-Hg（12.5%Cd）| $CdSO_4 \cdot 3/8H_2O(s)$，$CdSO_4$（饱和），$CdSO_4 \cdot 3/8H_2O(s)$，$Hg_2SO_4(s)$ | Hg

不饱和式［$E=1.01905$V（10~30℃）］：Cd-Hg（12.5%Cd）| $CdSO_4$（4℃下饱和溶液），$Hg_2SO_4(s)$ | Hg

常用的标准电池是韦斯登电池，其装置如图 4-13 所示。电池的负极为 Cd-Hg 齐（含 12.5%Cd）；正极是 Hg 与 Hg_2SO_4 的糊体，在糊体和 Cd-Hg 齐上面放有 $CdSO_4 \cdot 3/8H_2O$ 的晶体和其饱和溶液。为了使引入的导线与正极糊体接触得更紧密，在糊体的下面放少许汞。其电池反应如下：

正极　　$Hg_2SO_4(s)+2e =\!=\!= 2Hg(\mathrm{l})+SO_4^{2-}$

负极　　$Cd(Hg)(s)+SO_4^{2-} =\!=\!= CdSO_4+2e$

总反应　　$Hg_2SO_4(s)+Cd(Hg)(s) =\!=\!= Hg(\mathrm{l})+CdSO_4$

电池的电动势 E_n（V）与温度 T（℃）的关系式为：

$$E_n = 1.01860 - 4.06 \times 10^{-5}(T-20) - 9.5 \times 10^{-7}(T-20)^2 \qquad (4\text{-}24)$$

要注意的是：（1）标准电池使用时绝对不能倒置、不能摇动。受摇动的标准电池电动势会发生变化，应静置 5h 以上才能用。（2）正负极不可接错。（3）应在温度波动小的环境中使用，最好在 4~40℃ 范围内。若波动过大会因 $CdSO_4 \cdot 3/8H_2O(s)$ 晶粒再结晶成大块而增加电池内阻。（4）标准电池仅作为电动势的基准器，不能当电池使用。长时间使

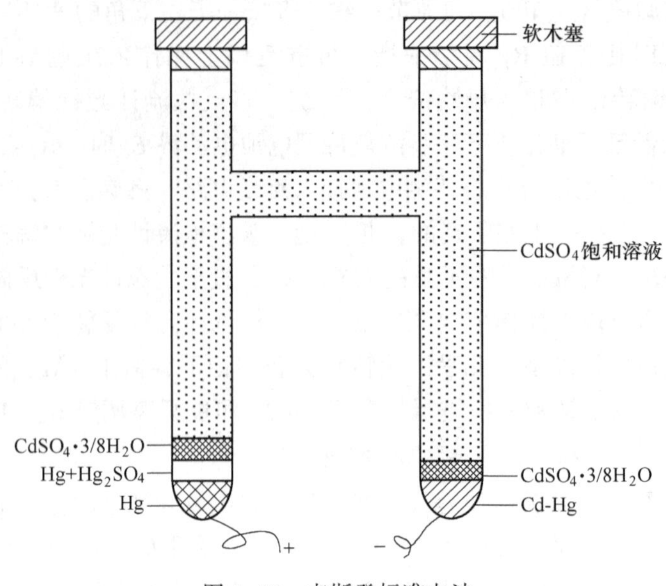

图 4-13 韦斯登标准电池

用，电动势不断下降，只能间歇地瞬间地使用，使电动势得以恢复，不可利用万用表等直接量标准电池。

4.5.2 数字式电子电位差计

数字式电子电位差计是近年来数字电子技术发展的产物。由于其测量精度高、装置简单、读数直观等特点，将逐渐替代传统的电位差计。

EM-2A 型数字式电子电位差计采用了内置的可替代标准电池，且由精度较高的参考电压集成块作为对照电压，故其保留了传统的平衡法测量电动势仪器的基本原理。该仪器的线路采用全集成器件，被测电池的电动势与对照电压经过高精度的放大器比较输出，通过调节达到平衡时就可得被测电动势的数值。采集、显示采用高精度的 A/D（24bit）模块转换芯片和 6 位数字显示器，使仪器的分辨率可达 0.01mV，测量量程为 0~1.5V。

仪器前面板示意图如图 4-14 所示。面板左上方为 6 位数码管显示“电动势指示”窗口；右上方为 4 位数码管显示“平衡指示”窗口；左边的开关可置“调零”或“测量”挡；右下角有 3 个电位器，分别进行“平衡调节”和“零位调节”，其中，“平衡调节”包括“粗”和“细”两个电位器，“电位选择”拨挡开关可根据测量需要选挡；标记为“+”和“-”的接线柱分别连接被测电池的正、负极。

使用方法：

(1) 接通电源，预热 5min，将被测电池按正负极性接在仪器的接线柱上。(2) 将开关置于“调零”挡，调节“零位调节”旋钮使“平衡指示”窗口显示为零。(3) 根据理论估算被测电池的电动势，将“电位选择”置于相应的位置。(4) 将开关置于“测量”挡，调节“平衡调节”的“粗调”旋钮，使“电动势指示”窗口的数值接近估算值，然后再调节“细调”旋钮使“平衡指示”窗口显示零，此时“电动势指示”窗口显示的数值即为被测电池的电动势。

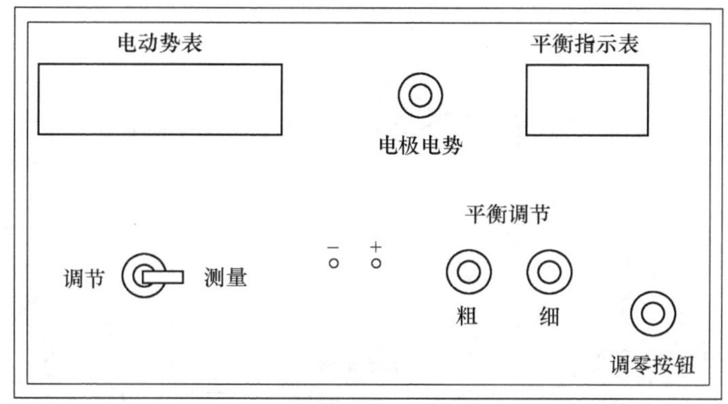

图 4-14　EM-2A 型数字式电子电位差计面板示意图

4.6 恒电位仪

恒电位仪是一种重要的腐蚀检测和电化学测量仪器，在电极过程动力学、电分析、电解、电镀、金属相分析、金属腐蚀速度测量和各种腐蚀与防蚀研究，以及电化学保护参数测试等方面具有广泛的用途。可以独立使用，也可辅以 $X-Y$ 记录仪、直流示波器、对数转换器、信号发生器等进行多种动态和静态、暂态和稳态的实验测量，适于工厂企业、科学研究、教学实验、新产品开发及各种测量之用。

恒电位仪的主要功能是为实验提供恒电位输出和恒电流输出。在恒电位方式工作时，它使电化学体系的研究电极与参比电极之间的电位保持某一值（由内给定设定），或准确地跟随给定指令信号（外给定）变化，而不受研究电极相对于参比电极电位变化的影响。仪器配有高阻抗输入的探头和两个数字表显示，可对电解池的电位和电流同时进行测量。仪器还备有溶液电阻补偿和对数（$\lg I$）输出接口。

4.6.1　工作原理

在三电极体系中，即使从一开始就把相对于参比电极的研究电极电位设定为某值，但由于随着电极反应的进行，电极表面反应物浓度不断减少，生成物浓度不断增加，电极电位将偏离初始设定电位，所以，为了使设定的电位保持一定，就应随着研究电极和参比电极之间的电位变化，不断地调节施加于两电极之间的电压，可是，这样的操作在很短的时间里是无法做到的，它只能借助于恒电位仪来实现，顾名思义，恒电位仪就是使相对于参比电极的研究电极的电位恒定地保持在设定电位上的装置。

电化学测量仪器通常由恒电位仪、信号发生器、记录装置以及电解池系统组成。电解池通常含有 3 个电极：工作电极（又称为研究电极）、参比电极和辅助电极，恒电位仪可通过反馈系统自动调节流过工作电极和辅助电极间的电流，从而控制工作电极和参比电极之间的电位。恒电位仪由运算放大器构成。图 4-15 所示为一个典型的恒电位仪电路。

图 4-15 所示电路中的 OA_1 是恒电位仪的控制放大器。控制放大器的输入端具有加法器的功能，可允许直流、交流、扫描、脉冲等电压信号的叠加，从而实现各种电压波形的输入。工作电极和参比电极间的控制电位为 $E_1+E_2+E_3$。OA_2 是高输入阻抗的电压跟踪器，

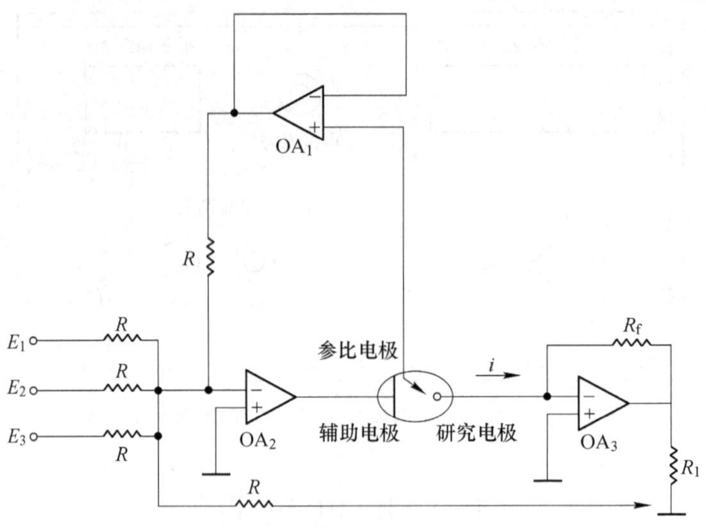

图 4-15 典型的恒电位仪电路

这可防止参比电极流过电流而造成参比电极极化。OA_3 为电流-电压转换器，也采用高输入阻抗的放大器。流过工作电极和辅助电极间的电流经 OA_3 会转化成易于测量的电压信号，从而由记录装置记录，电流测量的灵敏度可通过改变 OA_3 的反馈电阻 R_f 而改变，图中还给出了用于正反馈 iR 降补偿的电路，通过调节电位器 R_1，可使正比于流过电解池电流的电压量正反馈回控制放大器的输入端，以补偿由于电流流过溶液内阻产生的压降。

恒电位仪的作用是自动调节流经研究电极的电流而使研究电极的电位控制在给定的电位值下，或者使研究电极的电位按人为规定的规律作相应变化。恒电位仪的基本工作原理如图 4-16 所示，首先通过“给定”调节研究电位（相对于参比电极），然后测量“参”“研”之间的电位差对给定值进行比较，比较发现的偏差通过调整极化回路的等效电阻来调整通过电解池的极化电流，使之增大或减小，从而改变研究电极的电位，最终迫使研究电极的电位与“给定”值相符，即达到恒电位的目的。

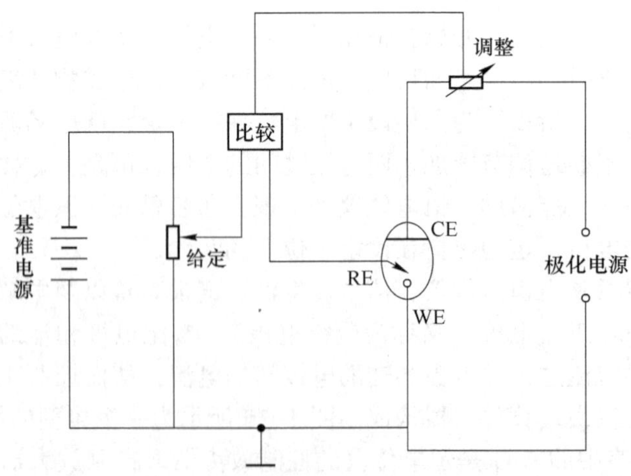

图 4-16 恒电位仪的工作原理图

以上说明的只是恒电位仪工作原理的逻辑过程，现代各种电子线路的恒电位仪基本上都是根据这个逻辑工作过程来设计的。显然，采用电子元件构成的恒电位仪，其“给定”“测量”“比较”和“调整”是自动迅速进行的。下面详细介绍一种常见的 DJS-292 型恒电位仪的使用。

4.6.2 仪器的使用

下述恒电位仪的使用及实验操作过程以 DJS-292 型双显电位仪为例。

4.6.2.1 前面板

（1）显示部分。DJS-292 型双显电位仪的前面板示意图如图 4-17 所示。显示栏由两部分组成，左栏为电压显示，右栏为电流显示，电压显示栏有 3 个指示灯，“×1”“×2”为恒电位工作方式，显示内给定所给直流电压，当内给定电压选择“2V”键按下时，电压指示灯“×2”亮，实际的显示值应乘以 2；指示灯“×15”为恒电流工作方式时显示的直流槽电压。

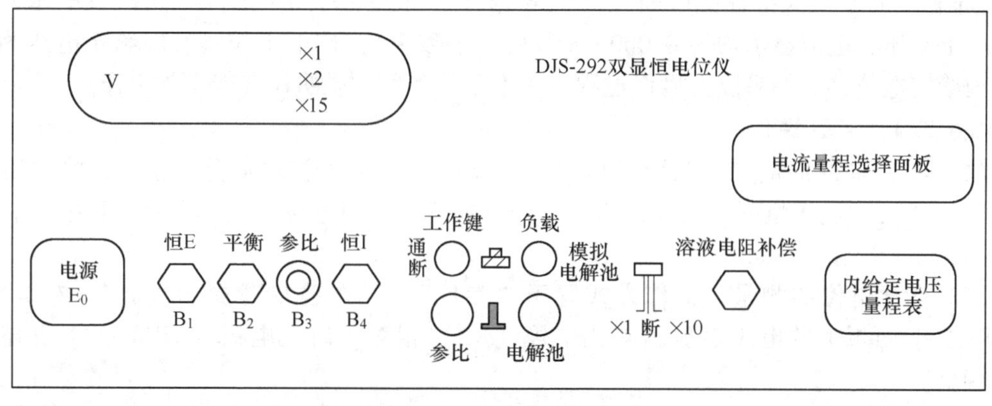

图 4-17 DJS-292 恒电位仪前面板示意图

（2）电源开关。电源开关为红色有机按键 E_0，按下，电源通；再按下，电源断。

（3）仪器工作方式选择。仪器工作方式选择有“恒电位”（B_1）“平衡”（B_2）“参比”（B_3）和“恒电流”（B_4）4 挡。按下 B_1 或 B_4，仪器将以恒电位或恒电流方式工作；按下 B_3 仪器测量研究电极与参比电极之间的开路电位；按下 B_2，将使实验者更容易把给定电位调节到平衡电位上。

（4）负载状态。负载由左右两键控制。左键置“断”，则仪器与负载断开，左键置“工作”，则仪器与负载接通；右键分“电解池”和“模拟”两种状态。“模拟”状态时，仪器接通内部的模拟负载（一般为 10k 电阻），“电解池”状态时仪器与外部电解池接通。

（5）溶液电阻补偿。溶液电阻补偿由控制开关和电位器（10kΩ）组成。控制开关分“×1”“断”“×10”3 挡，在“×10”时补偿溶液电阻是“×1”的 10 倍，“断”则溶液反应回路中无补偿电阻。

（6）内给定电压选择。内给定电压选择提供可调直流电压和仪器内给定的极性。

（7）电流量程选择。电流可以选择不同电流大小。

当仪器在恒电位工作方式时，电流显示由电流选择键选择合适的显示单位。当仪器在恒电流工作方式时，电流显示为仪器提供的恒电流值。

4.6.2.2 后面板

除了电源插座和保险丝以外，还有信号选择。信号选择由选择开关和5个高频插座组成。选择开关可选择“外给定”“外加内”和“内给定”3种给定方式。“外给定”方式时，由外加信号从开关右侧的高频插座插入；“内给定”方式时，由仪器内部提供直流电压信号；“外加内”方式时，则由外加信号和内部直流信号共同组成合成信号。

其余4个高频插座分别为“参比电压”“电流对数”“电流”和“槽电压”4个输出端，可与外接仪表或记录仪连接。各输出端的输出阻抗小于2kΩ。为消除测量误差，可与外接仪表或记录仪连接。各输出端的输出阻抗小于2kΩ。为消除测量误差，要求外接仪表或记录仪的输入阻抗大于1MΩ。

4.6.2.3 仪器的通电检查

仪器通电以前，前后面板的开关应处于下列位置：工作键置于“断”，工作方式置于“恒电位”；“负载选择”置于“电解池”；“溶液电阻补偿”置于“断”；“内给定电压”“电流量程”置于最大量程；后面板“信号选择”开关置于“内给定”。按下电源开关，数显屏上电压、电流显示均为0.000±（最后1个数字），按下工作键，内给定电压为正，调节内给定电位器。如果以上操作过程中无不正常现象，说明仪器能正常工作。

4.6.2.4 实验操作

（1）实验前的准备。正确连接电化学实验装置。检查交流电源是否正常，将“工作”键置于“断”，“电流量程”置于最大，工作方式置于“恒电位”，打开电源开关，将仪器预热30min。

（2）参比电位的测量。工作方式置于“参比”，工作键左键置于“通”，右键置于“电解池”。面板上的电压表显示参比电极（RE）相对于研究电极（WE）的开路电位，符号相反。

（3）平衡电位的设置。工作方式置于“平衡”，负载选择置于“电解池”，调节内给定电位器，使电压表显示0.000，该给定电位即是所要设置的平衡电位。由于此时放大器结成大于5倍的放大器，如果主放大器输出电位显示1mV，实际上给定电位离平衡电位差不到0.2mV，这就使平衡电位设置更为准确。

（4）极化电位、电流的调节。如要对电化学体系进行恒电位、恒电流极化测量，先在模拟电解池上调节好极化电位、电流值，然后再将电解池接入仪器。如要利用内给定作为电化学体系的平衡电位设置，由外给定引入信号发生器在此基础上给电化学体系施加不同的极化波形，可按平衡电位的设置由内给定准确地设置到平衡电位上。“信号选择”开关置于“外加内”。由外给定接入信号发生器作为极化信号，同样应先在模拟电解上调节好极化电位、极化电流或极化波形。

（5）电化学体系的极化测量。“负载选择”置于“电解池”，接通电化学体系，记录实验曲线。应注意，在恒电位工作方式时选择适当的电流量程。一般应从大电流量程到小电流量程依次选择，使之既不过载又有一定的精确度。

（6）溶液电阻补偿的调节和计算。一些电化学体系实验必须进行溶液电阻补偿方能得到正确结果。方法是按正常方式准备电解池体系，将给定电位设置在所研究电位化学反应的半波电位以下，即在该电位下电化学体系无法拉第电流。由信号发生器经外给定在该电位上叠加一个频率为 1kHz 或低于 1kHz，幅度为 10~50mV（峰-峰值）的方波。由示波器监视电流输出波形，溶液电阻补偿开关置于“×1”或“×10”，调节补偿多圈电位器使示波器波形为正确补偿的图形。然后在这种溶液电阻补偿的条件下进行实验。同时应注意溶液电阻与多种因素有关，特别与电极之间的相互位置有关。因此在变动电解池体系各电极之间相对位置以后，应重新进行溶液电阻补偿的调节。

溶液电阻的计算是在溶液电阻补偿正确调节以后，将溶液电阻调节多圈电位器数值乘上电流量程，例如，多圈电位器读数为 9（90%），电流量程为 10mA，电流量程电阻为 100Ω，则溶液电阻值为 90Ω。多圈电位器读数应在实验结束后逆时针旋转多圈电位器到底，记下旋转圈数，此圈数即为多圈电位器读数。电流量程与电流量程电阻对应关系见表 4-5。

表 4-5　电流量程与电流量程电阻对应关系

电流量程	电流量程电阻	电流量程	电流量程电阻
1μA	1MΩ	10mA	100Ω
10μA	100kΩ	100mA	10Ω
100μA	10kΩ	1A	1Ω
1mA	1kΩ		

4.6.2.5　仪器使用注意事项

（1）接线方式：

1）恒电位工作时，检查参比组件探头的接线，并注意参比电极中是否有气泡。实验过程中不能将参比电极从电解池中取出，如要变动电解池体系须将“工作”键置于“断”后再进行。

2）恒电位方式工作时，研究电极与辅助电极不能短路。如果研究电极与辅助电极短路，会使主放大器输出电流严重过载。排除故障的方法是：检查研究电极与辅助电极及其接线是否短路，及时将其分开。在实验中一旦发现电流严重过载，应立即将“工作”键置于“断”，然后再进行检查。

3）恒电流方式工作时，研究电极与辅助电极不能开路。如研究电极与辅助电极开路将使主放大器输出电压趋向极限值，导致电压过载。

（2）量程选择：

1）负载选择置于“模拟”，调节极化电位或电流时出现对应的电位过载或电流过载。由于仪器内部的模拟电阻是一个 10kΩ 的电阻，恒电位方式工作时，若电流量程较小，则容易满量程，出现电流过载。恒电流工作方式工作时，电流量程较大，即极化电流较大（例如大于 4mA），模拟电解池 10kΩ 电阻上的电压降将大于 30V 或小于-30V，导致电压过载，故应选择小量程电流。

2）在电化学体系中，预置的电流量程不当，将会在恒电位工作时造成电流显示溢出；恒电流工作时会造成电压过大或溢出，可使“电流选择”置于较小的量程。

（3）电化学测量体系出现振荡。在电化学测量体系中，电解池既有恒电位仪主放大器的负载，同时又通过参比电极给主放大器提供反馈，当电解池的时间常数满足一定条件时，将可能出现振荡。可通过改变电解池的时间常数来消除振荡，例如改变电极面积、电极之间的相对位置、减小参比电极的阻抗等。

4.7 恒电流仪

恒电位仪是在电解体系的状态发生变化时，也可以使相对于参比电极的研究电极电位恒定地保持在设定电位上的装置。恒电位仪稍为改造后即可用作恒电流仪，即在恒电位仪的研究电极和参比电极两端之间接上一个已知的电阻，使得接上的电阻 R 与设定电位 E 组成恒电流电源 $i=E/R$。正如前面对恒电位仪的介绍，一般的市售恒电位仪也具有恒电流的功能，通过变化开关就可以直接进行选择。

电流-电位曲线，即极化曲线的测定，一般是使用恒电位法，使用恒电流法也很方便。恒电流测定中，用恒电流仪使流经电极的电流保持恒定电（流过多大的电流均可），用恒电流仪观测电位随时间的变化，可以用来研究电化学反应。

恒电流仪可用于控制流过工作电极和辅助电极间的电流大小，同时记录工作电极和参比电极之间的电位随时间的变化。恒电流仪通常也由运算放大器组成。图 4-18 所示为一个典型的恒电流仪电路。图中 OA_1 为恒电流电路。流过工作电极和辅助电极间的电流等于 $(V_1+V_2+V_3)/R$，电流的大小可通过改变输入电压 V 或输入电阻 R 来调节。OA_2 是高输入阻抗的电压跟随器，以防止参比电极流过电流而造成极化。由于工作电极接在 OA_1 的反向端（虚地端），OA_2 的输出即参比电极与工作电极间的电位差，可由记录装置记录。

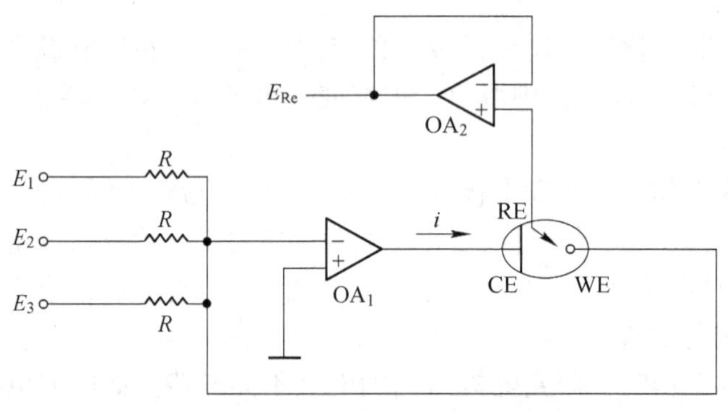

图 4-18 典型的恒电流仪电路

4.8 CHI 系列电化学工作站

4.8.1 工作原理

CHI 系列电化学测量仪器（上海辰华仪器公司生产）通常由恒电位仪、信号发生器、记录装置以及电解池系统组成。如图 4-19 所示，CHI-760e 电解池通常含有 3 个电极：工作电极（又称为研究电极）、参比电极和辅助电极。该工作站由计算机控制进行测量。计算机的数字量可通过数模转化器（DAC）转化成能用于控制恒电位仪或恒电流仪的模拟

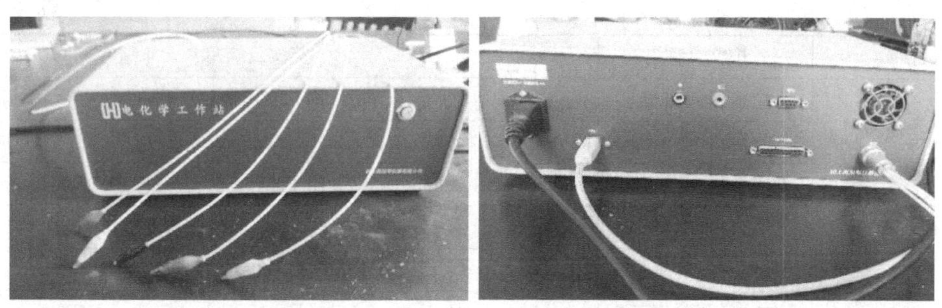

图 4-19 CHI-760e 电化学测量仪器

量；而恒电位仪或恒电流仪输出的电流、电压及电量等模拟量也可通过模数转化器转换成可由计算机识别的数字量。通过计算机可进行各种操作，如产生各种电压波形、进行电流和电压的采样、控制电解池的通和断、灵敏度的选择和滤波器的设置、iR 降补偿的正反馈量、电解池的通氮除氧、搅拌、静汞电极的敲击和旋转电极控制等。由于计算机可同步产生扰动信号和采集数据，使得测量变得十分容易。计算机同时还可用于用户界面、文件管理、数据分析、处理、显示、数字模拟和拟合等。计算机控制的 CHI 系列电化学工作站十分灵活，实验控制参数的动态范围宽广，并将多种测量技术集成于单个仪器中，不同实验技术间的切换亦十分方便。

CHI-760e 系列电化学工作站的具体功能见图 4-20 和表 4-6，测试手段涵盖了常规的电化学测量技术。

表 4-6 CHI-760e 系列的电化学工作站功能一览表

测试技术	中文名称	英文及缩写
电位扫描技术	循环伏安法	Cyclic Voltammetry (CV)
	线性扫描伏安法	Linear Sweep Voltammetry (LSV)
	Tafel 图	TAFEL
	电位扫描-阶跃混合法	Sweep-Step Functions (SSF)
电位阶跃技术	计时电流法	Chronoamperometry (CA)
	计时电量法	Chronocoulometry (CC)
	阶梯波安法	Staircase Voltammetry (SCV)
	差分脉冲伏安法	Differential Pulse Voltammetry (DPV)
	差分常规脉冲伏安法	Differential Normal Pulse Voltammetry (DNPV)
	常规脉冲伏安法	Normal Pulse Voltammetry (NPV)
	方波伏安法	Square Wave Voltammetry (SWV)
	多电位阶跃法	Multi-Potential Steps (STEP)
交流技术	交流阻抗测量	AC Impednace (IMP)
	交流阻抗-时间测量	Impedance - Time (IMPT)
	交流阻抗-电位测量	Impedance - Potential (IMPE)
	交流伏安法	AC Voltammetry (ACV)
	二次谐波交流伏安法	Second Harmonic AC Voltammetry (SHACV)
恒电流技术	计时电流法	Chronopotentiometry (CP)
	电流扫描计时电位法	Chronopotentiometry with Current Ramp (CPCR)
	电位溶出分析法	Potentiometric Stripping Analysis (PSA)

续表 4-6

测试技术	中文名称	英文及缩写
其他技术	电流时间曲线	Amperometric i-t Curve（i-t）
	差分脉冲电流法	Differential Pulse Amperometry（DPA）
	双差分脉冲电流法	Double Differential Pulse Amperometry（DDPA）
	三脉冲电流	Triple Pulse Amperometry（TPA）
	控制电位电解库仑法	Bulk Electrolysis with Coulometry（BE）
	流体力学调制伏安法	Hydrodynamic Modulation Voltammetry（HMV）
	开路电位时间曲线	Open Circuit Potential-Time（OCPT）

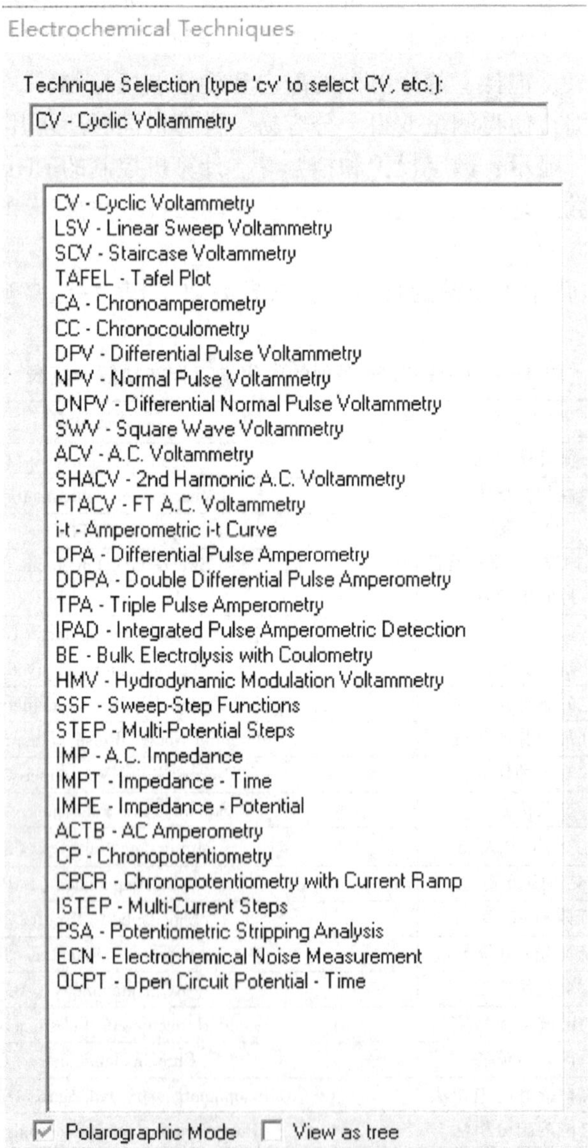

Electrochemical Techniques

Technique Selection (type 'cv' to select CV, etc.):

CV - Cyclic Voltammetry

CV - Cyclic Voltammetry
LSV - Linear Sweep Voltammetry
SCV - Staircase Voltammetry
TAFEL - Tafel Plot
CA - Chronoamperometry
CC - Chronocoulometry
DPV - Differential Pulse Voltammetry
NPV - Normal Pulse Voltammetry
DNPV - Differential Normal Pulse Voltammetry
SWV - Square Wave Voltammetry
ACV - A.C. Voltammetry
SHACV - 2nd Harmonic A.C. Voltammetry
FTACV - FT A.C. Voltammetry
i-t - Amperometric i-t Curve
DPA - Differential Pulse Amperometry
DDPA - Double Differential Pulse Amperometry
TPA - Triple Pulse Amperometry
IPAD - Integrated Pulse Amperometric Detection
BE - Bulk Electrolysis with Coulometry
HMV - Hydrodynamic Modulation Voltammetry
SSF - Sweep-Step Functions
STEP - Multi-Potential Steps
IMP - A.C. Impedance
IMPT - Impedance - Time
IMPE - Impedance - Potential
ACTB - AC Amperometry
CP - Chronopotentiometry
CPCR - Chronopotentiometry with Current Ramp
ISTEP - Multi-Current Steps
PSA - Potentiometric Stripping Analysis
ECN - Electrochemical Noise Measurement
OCPT - Open Circuit Potential - Time

☑ Polarographic Mode ☐ View as tree

图 4-20 CHI-760e 电化学工作站功能图

4.8.2　实验测试方法

下面以循环伏安法的测试为例说明电化学工作站的操作方法。

（1）接好实验装置（如图 4-19 所示：一般绿色夹头接工作电极，红色夹头接辅助电极，白色夹头接参比电极，黑色夹头为感受电极，黄色夹头为第二工作电极）。（注：感受电极用于四电极体系，用时和工作电极的夹头夹在一起，四电极对于大电流（100mA 以上）或低阻抗电解池（<1Ω，例如电池）十分重要，可消除由于电缆和接触电阻引起的测量误差。当用于三电极体系时，感受电极不用，三电极或四电极可在“电解池控制”中设定。）

（2）依次打开电化学工作站、计算机、显示器等电源，预热 10min 后启动 CHI-760e 软件。

（3）执行“Control”菜单中的“Open Circuit Potential”命令，获得开路电压(见图 4-21)。

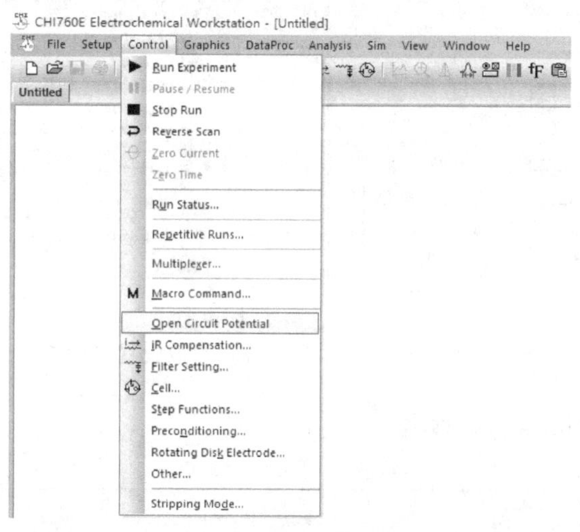

图 4-21　CHI-760e 软件测试开路电压界面图

（4）在“Setup”的菜单中执行“Technique”命令，在显示的对话框中选择“Cyclic Voltametry”进入参数设置界面（如未出现参数设置界面，再执行“Setup”菜单中的“Parameters”命令进入参数设置界面）（见图 4-22）。

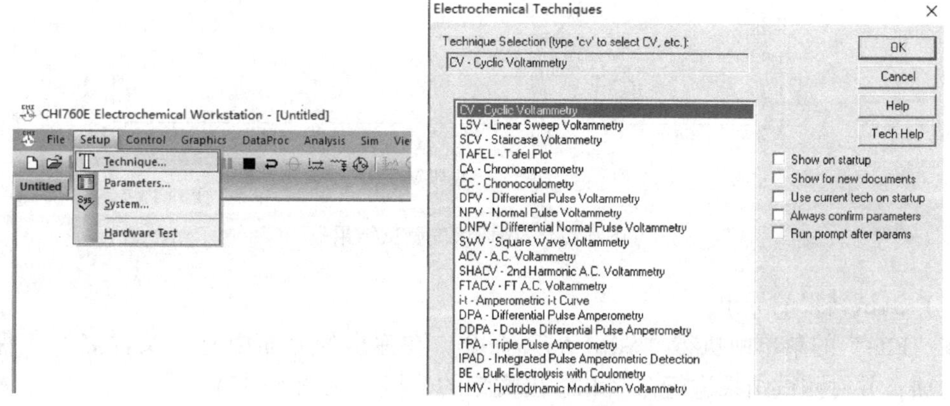

图 4-22　CHI-760e 软件测试技术界面图

（5）实验条件设置如下。Init E（初始电位）：步骤（4）测得的自然电位。High E（最高电位）：一般是在步骤（4）测得的自然电位基础上增加。Low E（最低电位）：步骤（4）测得的自然电位减小。扫描速度：10mV/s。Sensitivity（灵敏度）：默认。执行“Control”菜单中的“ Run Experiment”命令，开始极化实验（见图 4-23）。

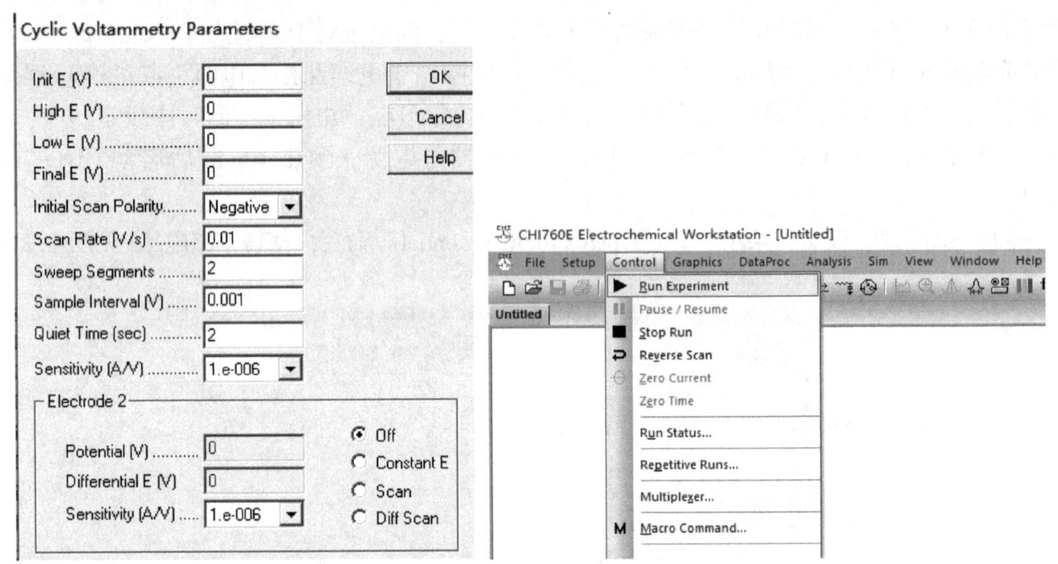

图 4-23 CHI-760e 测试技术参数设置界面图

（6）测试数据图如图 4-24 所示。

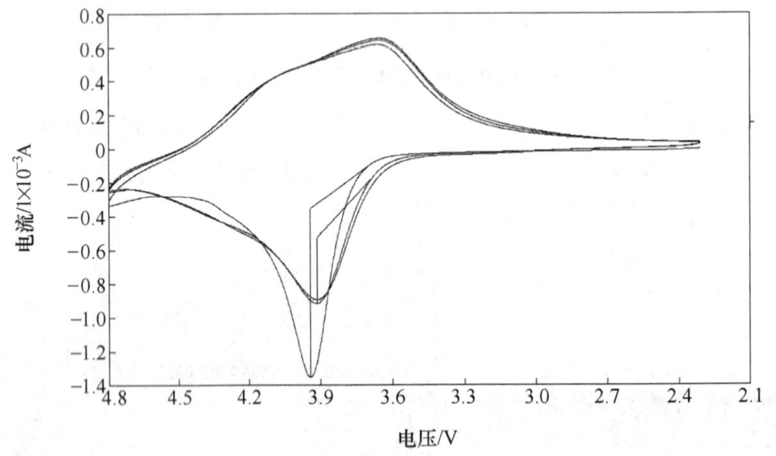

图 4-24 循环伏安测试结果

（7）测试结果的导出。

在“File”的菜单中执行“Save As”命令，在弹出的界面中有“文件名”“保存类型”选项，并对测试结果进行命名和输出类型的选择（见图 4-25）。

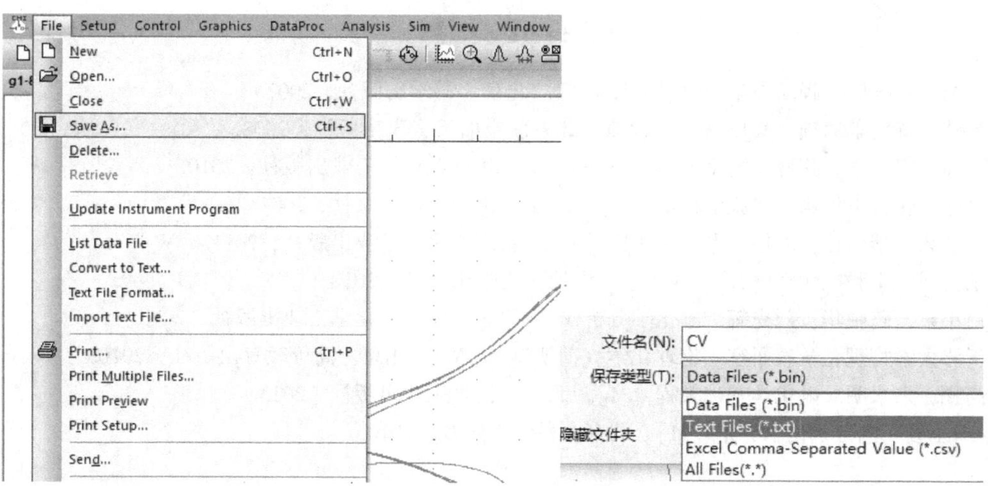

图 4-25　CHI-760e 软件导出测试结果界面设置图

参 考 文 献

[1] 查全性. 电极过程动力学导论 [M]. 3 版. 北京：科学出版社，2007.
[2] 李荻. 电化学原理 [M]. 3 版. 北京：北京航空航天大学出版社，2008.
[3] 贾铮，戴长松，陈玲. 电化学测量方法 [M]. 北京：化学工业出版社，2010.
[4] 努丽燕娜，王保峰. 实验电化学 [M]. 北京：化学工业出版社，2007.
[5] 刘长久，李延伟，尚伟. 电化学实验 [M]. 北京：化学工业出版社，2011.
[6] 王圣平. 实验电化学 [M]. 武汉：中国地质大学出版社，2010.
[7] 卢小泉，薛中华，刘秀辉. 电化学分析仪器 [M]. 北京：化学工业出版社，2010.
[8] 天津大学物理化学教研室. 物理化学（简明版）[M]. 北京：高等教育出版社，2016.
[9] 高鹏，朱永明. 电化学基础教程 [M]. 北京：化学工业出版社，2013.
[10] 高小霞. 电分析化学导论 [M]. 北京：科学出版社，2010.

附　　录

附表 1　汞-硫酸亚汞电极在不同温度下对 S. H. E. 的电极电位

温度/℃	E_o/V	温度/℃	E_o/V	温度/℃	E_o/V
0	0. 63495	25	0. 61515	50	0. 59487
5	0. 63097	30	0. 61107	55	0. 59051
10	0. 62704	35	0. 60701	60	0. 58659
15	0. 62307	40	0. 60305		
20	0. 61930	45	0. 59900		

附表 2　基本常数

量的名称	符号	数值	单位
自由落体加速度 重力加速度	g	9. 80665（准确值）	m/s^2
真空介电常数 （真空电容率）	ε_0	$8.854187817\times10^{-12}$（准确值）	F/m
电磁波在真空中的速率	C，C_0	299792458（准确值）	m/s
阿伏伽德罗常数	L，N_A	$6.02214179(30)\times10^{23}$	mol^{-1}
摩尔气体常数	R	8. 314472(15)	J/(mol·K)
玻耳兹曼常数	K，K_B	$1.3806504(24)\times10^{-23}$	J/K
元电荷	e	$1.602176487(40)\times10^{-19}$	C
电子质量	m_e	$9.10938215(45)\times10^{-31}$	kg
质子质量	m_p	$1.672621637(83)\times10^{-27}$	kg
法拉第常数	F	96485. 3399(24)	C/mol
普朗克常量	h	$6.62606896(33)\times10^{-34}$	J·s
冰点	T_0	273. 16±0. 01	℃
每库仑内电子数		6.3×10^{13}	
水在 25℃时的介电常数	ε	78. 54	
热功当量	1cal＝4. 185J（15℃）		

附表 3 某物质的标准摩尔生成焓、标准摩尔生成吉布斯函数、标准摩尔熵及摩尔定压热容

（$p^{\ominus}$ = 100kPa，25℃）

物质	$\Delta_f H_m^{\ominus}$/kJ·mol^{-1}	$\Delta_f G_m^{\ominus}$/kJ·mol^{-1}	$S_m^{\ominus}$/J·(mol·K)$^{-1}$	$C_{p,m}$/J·(mol·K)$^{-1}$
Ag（s）	0	0	42.55	25.351
AgCl（s）	-127.068	-109.789	96.2	50.79
Ag_2O（s）	-31.05	-11.20	121.3	65.86
Al（s）	0	0	28.33	24.35
Al_2O_3（α，刚玉）	-1675.7	-1582.3	50.92	79.04
Br_2（l）	0	0	152.231	75.689
Br_2（g）	30.907	3.110	245.463	36.02
HBr（g）	-36.40	-53.45	198.695	29.142
Ca（s）	0	0	41.42	25.31
CaC_2（s）	-59.8	-64.9	69.96	62.72
$CaCO_3$（方解石）	-1206.92	-1128.79	92.9	81.88
CaO（s）	-635.09	-604.03	39.75	42.80
$Ca(OH)_2$（s）	-986.09	-898.49	83.39	87.49
C（石墨）	0	0	5.740	8.527
C（金刚石）	1.895	2.900	2.377	6.113
CO（g）	-110.525	-137.168	197.674	29.142
CO_2（g）	-393.509	-394.359	213.74	37.11
CS_2（l）	89.70	65.27	151.34	75.7
CS_2（g）	117.36	67.12	237.84	45.40
CCl_4（l）	-135.44	-65.21	216.49	131.75
CCl_4（g）	-102.9	-60.59	309.85	83.30
HCN（l）	108.87	124.97	112.84	70.63
HCN（g）	135.1	124.7	201.78	35.86
Cl_2（g）	0	0	223.066	33.907
Cl（g）	121.679	105.680	165.198	21.840
HCl（g）	-92.307	-95.299	186.908	29.12
Cu（s）	0	0	33.150	24.435
CuO（s）	-157.3	-129.7	42.63	42.30
Cu_2O（s）	-168.6	-146.0	93.14	63.64
F_2（g）	0	0	202.780	31.30
HF（g）	-271.1	-273.2	173.779	29.133
Fe（s）	0	0	27.28	25.10

续附表 3

物质	$\Delta_f H_m^{\ominus}$/kJ · mol^{-1}	$\Delta_f G_m^{\ominus}$/kJ · mol^{-1}	$S_m^{\ominus}$/J · (mol · K)$^{-1}$	$C_{p,m}$/J · (mol · K)$^{-1}$
$FeCl_2$ (s)	−341.79	−302.30	117.95	76.65
$FeCl_3$ (s)	−399.49	−334.00	142.3	96.65
Fe_2O_3（赤铁矿）	−824.2	−742.2	87.40	103.85
Fe_3O_4（磁铁矿）	−1118.4	−1015.4	146.4	143.43
$FeSO_4$ (s)	−928.4	−820.8	107.5	100.58
H_2 (g)	0	0	130.684	28.824
H (g)	217.965	203.247	114.713	20.784
H_2O (l)	−285.830	−237.129	69.91	75.291
H_2O (g)	−241.818	−228.572	188.825	33.577
I_2 (s)	0	0	116.135	54.438
I_2 (g)	62.438	19.327	260.69	36.90
I (g)	106.838	70.250	180.791	20.786
HI (g)	26.48	1.70	206.594	29.158
Mg (s)	0	0	32.68	24.89
$MgCl_2$ (s)	−641.32	−591.79	89.62	71.38
MgO (s)	−601.70	−569.43	26.94	37.15
$Mg(OH)_2$ (s)	−924.54	−833.51	63.18	77.03
Na (s)	0	0	51.21	28.24
Na_2CO_3 (s)	−1130.68	−1044.44	134.98	112.30
$NaHCO_3$ (s)	−950.81	−851.0	101.7	87.61
NaCl (s)	−411.153	−384.138	72.13	50.50
$NaNO_3$ (s)	−467.85	−367.00	116.52	92.88
NaOH (s)	−425.609	−379.494	64.455	59.54
Na_2SO_4 (s)	−1387.08	−1270.16	149.58	128.20
N_2 (g)	0	0	191.61	29.125
NH_3 (g)	−46.11	−16.45	192.45	35.06
NO (g)	90.25	86.55	210.761	29.844
NO_2 (g)	33.18	51.31	240.06	37.20
N_2O (g)	82.05	104.20	219.85	38.45
N_2O_3 (g)	83.72	139.46	312.28	65.61
N_2O_4 (g)	9.16	97.89	304.29	77.28
N_2O_5 (g)	11.3	115.1	355.7	84.5
HNO_3 (l)	−174.10	−80.71	155.60	109.87
HNO_3 (g)	−135.06	−74.72	266.38	53.35
NH_4NO_3 (s)	−365.56	−183.87	151.08	139.3
O_2 (g)	0	0	205.138	29.355

续附表 3

物质	$\Delta_f H_m^{\ominus}$/kJ · mol^{-1}	$\Delta_f G_m^{\ominus}$/kJ · mol^{-1}	$S_m^{\ominus}$/J · (mol · K)$^{-1}$	$C_{p,m}$/J · (mol · K)$^{-1}$
O（g）	249.170	231.731	161.055	21.912
O_3（g）	142.7	163.2	238.93	39.20
P（α-白磷）	0	0	41.09	23.840
P（红磷，三斜晶系）	-17.6	-12.1	22.80	21.21
P_4（g）	58.91	24.44	279.98	67.15
PCl_3（g）	-287.0	-267.8	311.78	71.84
PCl_5（g）	-374.9	-305.0	364.58	112.80
H_3PO_4（s）	-1279.0	-1119.1	110.50	106.06
S（正交晶系）	0	0	31.80	22.64
S（g）	278.805	238.250	167.821	23.673
S_8（g）	102.30	49.63	430.98	156.44
H_2S（g）	-20.63	-33.56	205.79	34.23
SO_2（g）	-296.830	-300.194	248.22	39.87
SO_3（g）	-395.72	-371.06	256.76	50.67
H_2SO_4（l）	-813.989	-690.003	156.904	138.91
Si（s）	0	0	18.83	20.00
$SiCl_4$（l）	-687.0	-619.84	239.7	145.30
$SiCl_4$（g）	-657.01	-616.98	330.73	90.25
SiH_4（g）	34.3	56.9	204.62	42.84
SiO_2（α 石英）	-910.94	-856.64	41.84	44.43
SiO_2（s，无定形）	-903.49	-850.70	46.9	44.4
Zn（s）	0	0	41.63	25.40
$ZnCO_3$（s）	-812.78	-731.52	82.4	79.71
$ZnCl_2$（s）	-415.05	-369.398	111.46	71.34
ZnO（s）	-348.28	-318.30	43.64	40.25
CH_4（g）（甲烷）	-74.81	-50.72	186.264	35.309
C_2H_6（g）（乙烷）	-84.68	-32.82	229.60	52.63
C_2H_4（g）（乙烯）	52.26	68.15	219.56	43.56
C_2H_2（g）（乙炔）	226.73	209.20	200.94	43.93
CH_3OH（l）（甲醇）	-238.66	-166.27	126.8	81.6
CH_3OH（g）（甲醇）	-200.66	-161.96	239.81	43.89
C_2H_5OH（l）（乙醇）	-277.69	-174.78	160.7	111.46
C_2H_5OH（g）（乙醇）	-235.10	-168.49	282.70	65.44
$(CH_2OH)_2$（l）（乙二醇）	-454.80	-323.08	166.9	149.8
$(CH_3)_2O$（g）（二甲醚）	-184.05	112.59	266.38	64.39
HCHO（g）（甲醛）	-108.57	-102.53	218.77	35.40

续附表 3

物质	$\Delta_f H_m^{\ominus}$/kJ · mol^{-1}	$\Delta_f G_m^{\ominus}$/kJ · mol^{-1}	$S_m^{\ominus}$/J · (mol · K)$^{-1}$	$C_{p,m}$/J · (mol · K)$^{-1}$
CH_3CHO (g) (乙醛)	-166.19	-128.86	250.3	57.3
HCOOH (l) (甲酸)	-424.72	-361.35	128.95	99.04
CH_3COOH (l) (乙酸)	-484.5	-389.9	159.8	124.3
CH_3COOH (g) (乙酸)	-432.25	-374.0	282.5	66.5
$(CH_2)_2O$ (l) (环氧乙烷)	-77.82	-11.76	153.85	87.95
$(CH_2)_2O$ (g) (环氧乙烷)	-52.63	-13.01	242.53	47.91
$CHCl_3$ (l) (氯仿)	-134.47	-73.66	201.7	113.8
$CHCl_3$ (g) (氯仿)	-103.14	-70.34	295.71	65.69
C_2H_5Cl (l) (氯乙烷)	-136.52	-59.31	190.79	104.35
C_2H_5Cl (g) (氯乙烷)	-112.17	-60.39	276.00	62.8
C_2H_5Br (l) (溴乙烷)	-92.01	-27.70	198.7	100.8
C_2H_5Br (g) (溴乙烷)	-64.52	-26.48	286.71	64.52
CH_2CHCH (l) (氯乙烯)	35.6	51.9	263.99	53.72
CH_3COCl (g) (氯乙酰)	-273.80	-207.99	200.8	117
CH_3COCl (g) (氯乙酰)	-243.51	-205.80	295.1	67.8
CH_3NH_2 (g) (甲胺)	-22.97	32.16	243.41	53.1
$(NH_3)_2CO$ (s) (尿素)	-333.51	-197.33	104.60	93.14

附表 4　25℃下常用电极反应的标准电极电势

反应	$E^{\ominus}$/V (vs. SHE)	反应	$E^{\ominus}$/V (vs. SHE)
$Li^+ + e \rightleftharpoons Li$	-3.045	$AgI + e \rightleftharpoons Ag + I^-$	-0.1522
$K^+ + e \rightleftharpoons K$	-2.925	$Sn^{2+} + 2e \rightleftharpoons Sn$	-0.1375
$Ba^{2+} + 2e \rightleftharpoons Ba$	-2.92	$Pb^{2+} + 2e \rightleftharpoons Pb$	-0.1251
$Ca^{2+} + 2e \rightleftharpoons Ca$	-2.84	$Pb^{2+} + 2e \rightleftharpoons Pb$ (Hg)	-0.1205
$La(OH)_3 + 3e \rightleftharpoons La + 3OH^-$	-2.80	$MnO_2 + 2H_2O + 2e \rightleftharpoons Mn(OH)_2 + 2OH^-$	-0.05
$Na^+ + e \rightleftharpoons Na$	-2.714	$2H^+ + 2e \rightleftharpoons H_2$	0.000
$Mg(OH)_2 + 2e \rightleftharpoons Mg + 2OH^-$	-2.687	HgO(红)$ + H_2O + 2e \rightleftharpoons Hg + 2OH^-$	0.0977
$Mg^{2+} + 2e \rightleftharpoons Mg$	-2.356	$Cu^{2+} + e \rightleftharpoons Cu^+$	0.159
$Al(OH)_3 + 3e \rightleftharpoons Al + 3OH^-$	-2.310	$AgCl + e \rightleftharpoons Ag + Cl^-$	0.2223
$Be^{2+} + 2e \rightleftharpoons Be$	-1.97	$Hg_2Cl_2 + 2e \rightleftharpoons 2Hg + 2Cl^-$ (饱和 KCl)	0.2415
$Al^{3+} + 3e \rightleftharpoons Al$	-1.67	$Hg_2Cl_2 + 2e \rightleftharpoons 2Hg + 2Cl^-$	0.26816
$U^{3+} + 3e \rightleftharpoons U$	-1.66	$Cu^{2+} + 2e \rightleftharpoons Cu$	0.340
$Ti^{2+} + 2e \rightleftharpoons Ti$	-1.63	$Ag_2O + H_2O + 2e \rightleftharpoons 2Ag + 2OH^-$	0.342

续附表 4

反应	$E^{\ominus}$/V（vs. SHE）	反应	$E^{\ominus}$/V（vs. SHE）
$HPO_3^{2-}+2e^-+2H_2O \rightleftharpoons H_2PO_2^-+3OH^-$	-1.57	$Fe(CN)_6^{3-}+e \rightleftharpoons Fe(CN)_6^{4-}$	0.3610
$Mn(OH)_2+2e \rightleftharpoons Mn+2OH^-$	-1.56	$O_2+2H_2O+4e \rightleftharpoons 4OH^-$	0.401
$Cr(OH)_3+3e \rightleftharpoons Cr+3OH^-$	-1.33	$NiO_2+2H_2O+2e \rightleftharpoons Ni(OH)_2+2OH^-$	0.490
$ZnO_2^{2-}+2H_2O+2e \rightleftharpoons Zn+4OH^-$	-1.285	$Cu^++e \rightleftharpoons Cu$	0.520
$Zn(OH)_2+2e \rightleftharpoons Zn+2OH^-$	-1.245	$I_2+2e \rightleftharpoons 2I^-$	0.5355
$TiF_6^{2-}+4e \rightleftharpoons Ti+6F^-$	-1.191	$MnO_4^-+e \rightleftharpoons MnO_4^{2-}$	0.56
$Mn^{2+}+2e \rightleftharpoons Mn$	-1.18	$Hg_2SO_4+2e \rightleftharpoons 2Hg+SO_4^{2-}$	0.613
$V^{2+}+2e \rightleftharpoons V$	-1.13	$2AgO+H_2O+2e \rightleftharpoons Ag_2O+2OH^-$	0.640
$Cr^{2+}+2e \rightleftharpoons Cr$	-0.90	$O_2+2H^++2e \rightleftharpoons H_2O_2$	0.695
$2H_2O+2e \rightleftharpoons H_2+2OH^-$	-0.828	$Fe^{3+}+e \rightleftharpoons Fe^{2+}$	0.771
$Cd(OH)_2+2e \rightleftharpoons Cd+2OH^-$	-0.824	$Hg_2^{2+}+2e \rightleftharpoons 2Hg$	0.7960
$Zn^{2+}+2e \rightleftharpoons Zn$	-0.7626	$Ag^++e \rightleftharpoons Ag$	0.7991
$Co(OH)_2+2e \rightleftharpoons Co+2OH^-$	-0.733	$ClO^-+H_2O+2e \rightleftharpoons Cl^-+2OH^-$	0.890
$Ni(OH)_2+2e \rightleftharpoons Ni+2OH^-$	-0.72	$2Hg^{2+}+2e \rightleftharpoons Hg_2^{2+}$	0.911
$Ag_2S+2e \rightleftharpoons 2Ag+S^{2-}$	-0.691	$Pd^{2+}+2e \rightleftharpoons Pd$	0.915
$Ca^{3+}+3e \rightleftharpoons Ga$	-0.52	$Pt^{2+}+2e \rightleftharpoons Pt$	1.188
$U^{4+}+e \rightleftharpoons U^{3+}$	-0.52	$O_2+4H^++4e \rightleftharpoons 2H_2O$	1.229
$H_3PO_2+H^++e \rightleftharpoons P+2H_2O$	-0.508	$MnO_2+4H^++2e \rightleftharpoons Mn^{2+}+2H_2O$	1.23
$Ni(NH_3)_6^{2+}+2e \rightleftharpoons Ni+6NH_3$	-0.476	$Tl^{3+}+2e \rightleftharpoons Tl^+$	1.25
$S+2e \rightleftharpoons S^{2-}$	-0.447	$Cl_2(g)+2e \rightleftharpoons 2Cl^-$	1.3583
$Fe^{2+}+2e \rightleftharpoons Fe$	-0.44	$Au^{3+}+2e \rightleftharpoons Au^+$	1.36
$Cr^{3+}+e \rightleftharpoons Cr^{2+}$	-0.424	$PbO_2+4H^++2e \rightleftharpoons Pb^{2+}+2H_2O$	1.468
$Cd^{2+}+2e \rightleftharpoons Cd$	-0.4025	$Mn^{3+}+e \rightleftharpoons Mn^{2+}$	1.5
$Ti^{3+}+e \rightleftharpoons Ti^{2+}$	-0.37	$MnO_4^-+8H^++5e \rightleftharpoons Mn^{2+}+4H_2O$	1.51
$PbSO_4+2e \rightleftharpoons Pb+SO_4^{2-}$	-0.3505	$Au^{3+}+3e \rightleftharpoons Au$	1.59
$Tl^++e \rightleftharpoons Tl$	-0.3363	$PbO_2+SO_4^{2-}+4H^++2e \rightleftharpoons PbSO_4+2H_2O$	1.698
$Tl^++e \rightleftharpoons Tl$（Hg）	-0.3338	$Ce^{4+}+e \rightleftharpoons Ce^{3+}$	1.72
$Co^{2+}+2e \rightleftharpoons Co$	-0.277	$H_2O_2+2H^++2e \rightleftharpoons 2H_2O$	1.763
$Ni^{2+}+2e \rightleftharpoons Ni$	-0.257	$Au^++e \rightleftharpoons Au$	1.83
$V^{3+}+e \rightleftharpoons V^{2+}$	-0.255	$Co^{3+}+e \rightleftharpoons Co^{2+}$	1.92
$Mo^{3+}+3e \rightleftharpoons Mo$	-0.20	$O_3+2H^++2e \rightleftharpoons O_2+H_2O$	2.075
$CuI+e \rightleftharpoons Cu+I^-$	-0.182	$\frac{1}{2}F_2+H^++e \rightleftharpoons HF$	3.053

附表 5　甘汞电极在不同温度下的电极电位

温度/℃	电解质			温度/℃	电解质		
	0. 1mol/L KCl	1mol/L KCl	饱和 KCl		0. 1mol/L KCl	1mol/L KCl	饱和 KCl
	电位/V				电位/V		
0	0. 3380	0. 2888	0. 2601	28	0. 3363	0. 2821	0. 2418
1	0. 3379	0. 2886	0. 2594	29	0. 3363	0. 2818	0. 2412
2	0. 3379	0. 2883	0. 2588	30	0. 3362	0. 2816	0. 2405
3	0. 3378	0. 2881	0. 2581	31	0. 3361	0. 2814	0. 2399
4	0. 3378	0. 2878	0. 2575	32	0. 3361	0. 2811	0. 2393
5	0. 3377	0. 2876	0. 2568	33	0. 3360	0. 2809	0. 2336
6	0. 3376	0. 2874	0. 2562	34	0. 3360	0. 2806	0. 2379
7	0. 3376	0. 2871	0. 2555	35	0. 3359	0. 2804	0. 2373
8	0. 3375	0. 2869	0. 2549	36	0. 3358	0. 2802	0. 2386
9	0. 3375	0. 2866	0. 2542	37	0. 3358	0. 2799	0. 2360
10	0. 3374	0. 2864	0. 2536	38	0. 3357	0. 2797	0. 2353
11	0. 3373	0. 2862	0. 2529	39	0. 3357	0. 2794	0. 2347
12	0. 3373	0. 2859	0. 2523	40	0. 3356	0. 2792	0. 2340
13	0. 3373	0. 2857	0. 2516	41	0. 3355	0. 2790	0. 2334
14	0. 3372	0. 2854	0. 2510	42	0. 3355	0. 2787	0. 2327
15	0. 3371	0. 2852	0. 2503	43	0. 3354	0. 2785	0. 2321
16	0. 3370	0. 2850	0. 2497	44	0. 3354	0. 2782	0. 2314
17	0. 3370	0. 2847	0. 2490	45	0. 3353	0. 2780	0. 2308
18	0. 3369	0. 2845	0. 2483	46	0. 3352	0. 2778	0. 2301
19	0. 3368	0. 2842	0. 2477	47	0. 3352	0. 2775	0. 2295
20	0. 3368	0. 2840	0. 2471	48	0. 3351	0. 2773	0. 2288
21	0. 3367	0. 2838	0. 2464	49	0. 3351	0. 2770	0. 2282
22	0. 3367	0. 2835	0. 2458	50	0. 3350	0. 2768	0. 2275
23	0. 3366	0. 2833	0. 2451	60	—	—	0. 2199
24	0. 3366	0. 2830	0. 2445	70	—	—	0. 2124
25	0. 3365	0. 2828	0. 2438	80	—	—	0. 2047
26	0. 3364	0. 2826	0. 2431	90	—	—	0. 1967
27	0. 3364	0. 2823	0. 2424	100	—	—	0. 1885

附表 6　碱性溶液中的标准电极电位（298K）

元素	电极反应	*E* 标/V
Ag	$AgBr+e=Ag+Br^-$	+0.07133
	$AgCl+e=Ag+Cl^-$	+0.2223
	$Ag_2CrO_4+2e=2Ag+CrO_4^{2-}$	+0.4470
	$Ag^++e=Ag$	+0.7996
Al	$Al^{3+}+3e=Al$	−1.662
As	$HAsO_2+3H^3+3e=As+2H_2O$	+0.248
	$H_3AsO_4+2H^++2e=HAsO_2+2H_2O$	+0.560
Bi	$BiO^++2H^++3e=Bi+H_2O$	+0.1583
	$BiO+2H^++3e=Bi+H_2O$	+0.320
Br	$Br_2+2e=2Br^-$	+1.066
	$BrO_3^-+6H^++5e=\frac{1}{2}Br_2+3H_2O$	+1.482
Ca	$Ca^{2+}+2e=Ca$	−2.868
Cl	$ClO_4^{2-}+2H^++2e=ClO_3^-+H_2O$	+1.189
	$Cl_2+2e=2Cl^-$	+1.35827
	$ClO_3^-+6H^++6e=Cl^-+3H_2O$	+1.451
	$ClO_3^-+6H^++5e=\frac{1}{2}Cl_2+3H_2O$	+1.47
	$HClO+H^++e=\frac{1}{2}Cl_2+H_2O$	+1.611
	$ClO_3^-+3H^++2e=HClO_2+H_2O$	+1.214
	$ClO_2+H^++e=HClO_2$	+1.277
	$HClO_2+2H^++2e=HClO+H_2O$	+1.645
Co	$Co^{3+}+e=Co^{2+}$	+1.83
Cr	$Cr_2O_7^{2-}+14H^++6e=2Cr^{3+}+7H_2O$	+1.232
Cu	$Cu^{2+}+e=Cu^+$	+0.153
	$Cu^{2+}+2e=Cu$	+0.3419
	$Cu^++e=Cu$	+0.522
Fe	$Fe^{2+}+2e=Fe$	−0.447
	$Fe(CN)_6^{3-}+e=Fe(CN)_6^{4-}$	+0.358
	$Fe^{3+}+e=Fe^{2+}$	+0.771
H	$2H^++e=H_2$	0.00000
Hg	$Hg_2Cl_2+2e=2Hg+2Cl^-$	+0.281
	$Hg_2^{2+}+2e=2Hg$	+0.7973
	$Hg^{2+}+2e=Hg$	+0.851
	$2Hg^{2+}+2e=Hg_2^{2+}$	+0.920
I	$I_2+2e=2I^-$	+0.5355
	$I_3^-+2e=3I^-$	+0.536
	$2IO_3^-+12H^++5e=I_2+6H_2O$	+1.195
I	$HIO+H^++e=\frac{1}{2}I_2+H_2O$	+1.439
K	$K^++e=K$	−2.931
Mg	$Mg^{2+}+2e=Mg$	−2.372
Mn	$Mn^{2+}+2e=Mn$	−1.185
	$MnO_4^-+e=MnO_4^{2-}$	+0.558
	$MnO_2+4H^++3e=Mn^{2+}+2H_2O$	+1.224
	$MnO_4^-+8H^++5e=Mn^{2+}+4H_2O$	+1.507
	$MnO_4^-+4H^++3e=MnO_2+2H_2O$	+1.679
Na	$Na^++e=Na$	−2.71
N	$NO_3^-+4H^++3e=NO+2H_2O$	+0.957
	$2NO_3^-+4H^++e=N_2O_4+2H_2O$	+0.803
	$HNO_2+H^++e=NO+H_2O$	+0.983
	$N_2O_4+4H^++4e=2NO+2H_2O$	+1.035
	$NO_3^-+3H^++2e=HNO_2+H_2O$	+0.934
	$N_2O_4+2H^++2e=2HNO_2$	+1.065
O	$O_2+2H^++2e=H_2O_2$	0.695
	$H_2O_2+2H^++2e=2H_2O$	+1.776
	$O_2+4H^++4e=2H_2O$	+1.229
P	$H_3PO_4+2H^++2e=H_3PO_3+H_2O$	−0.276
Pb	$PbI_2+2e=Pb+2I^-$	−0.365
	$PbSO_4+2e=Pb+SO_4^{2-}$	−0.3588
	$PbCl_2+2e=Pb+2Cl^-$	−0.2675
	$Pb^{2+}+2e=Pb$	−0.1262
	$PbO_2+4H^++2e=Pb^{2+}+2H_2O$	+1.455
	$PbO_2+SO_4^{2-}+4H^++2e=PbSO_4+2H_2O$	+1.6913
S	$H_2SO_3+4H^++4e=S+3H_2O$	+0.449
	$S+2H^++2e=H_2S$	+0.142
	$SO_4^{2-}+4H^++2e=H_2SO_3+H_2O$	+0.172
	$S_4O_6^{2-}+2e=2S_2O_3^{2-}$	+0.08
	$S_2O_8^{2-}+2e=2SO_4^{2-}$	+2.010
Sb	$Sb_2O_3+6H^++6e=2Sb+3H_2O$	+0.152
	$Sb_2O_5+6H^++4e=2SbO^++3H_2O$	+0.581
Sn	$Sn^{4+}+2e=Sn^{2+}$	+0.151
V	$V(OH)_4^++4H^++5e=V+4H_2O$	−0.254
	$VO^{2+}+2H^++e=V^{3+}+H_2O$	+0.337
	$V(OH)_4^++2H^++e=VO^{2+}+3H_2O$	+1.00
Zn	$Zn^{2+}+2e=Zn$	−0.7618

附表 7　碱性溶液中的标准电极电位（298K）

元素	电极反应	E 标/V	元素	电极反应	E 标/V
Ag	$Ag_2S+2e=2Ag+S^{2-}$	-0.691	Fe	$Fe(OH)_3+e=Fe(OH)_2+OH^-$	-0.56
	$Ag_2O+H_2O+2e=2Ag+2OH^-$	+0.342	H	$2H_2O+2e=H_2+2OH^-$	-0.8277
Al	$H_2AlO_3^-+H_2O+3e=Al+4OH^-$	-2.33	Hg	$HgO+H_2O+2e=Hg+2OH^-$	+0.0977
As	$AsO_2^-+2H_2O+3e=As+4OH^-$	-0.68	I	$IO_3^-+3H_2O+6e=I^-+6OH^-$	+0.26
	$AsO_4^{3-}+2H_2O+2e=AsO_2^-+4OH^-$	-0.71		$IO^-+H_2O+2e=I^-+2OH^-$	+0.485
Br	$BrO_3^-+3H_2O+6e=Br^-+6OH^-$	+0.61	Mg	$Mg(OH)_2+2e=Mg+2OH^-$	-2.690
	$BrO^-+H_2O+e=Br^-+2OH^-$	+0.761	Mn	$Mn(OH)_2+2e=Mn+2OH^-$	-1.56
Cl	$ClO_3^-+H_2O+2e=ClO_2^-+2OH^-$	+0.33		$MnO_4^-+2H_2O+3e=MnO_2+4OH^-$	+0.595
	$ClO_4^-+H_2O+2e=ClO_3^-+2OH^-$	+0.36		$MnO_4^{2-}+2H_2O+2e=MnO_2+4OH^-$	+0.60
	$ClO_2^-+H_2O+2e=ClO^-+2OH^-$	+0.66	N	$NO_3^-+H_2O+2e=NO_2^-+2OH^-$	+0.01
	$ClO^-+H_2O+2e=Cl^-+2OH^-$	+0.81	O	$O_2+2H_2O+4e=4OH^-$	+0.401
Co	$Co(OH)_2+2e=Co+2OH^-$	-0.73	S	$S+2e=S^{2-}$	-0.47627
	$Co(NH_3)_6^{3+}+e=Co(NH_3)_6^{2+}$	+0.108		$SO_4^{2-}+H_2O+2e=SO_3^{2-}+2OH^-$	-0.93
	$Co(OH)_3+e=Co(OH)_2+OH^-$	+0.17		$2SO_3^{2-}+3H_2O+4e=S_2O_3^{2-}+6OH^-$	-0.571
Cr	$Cr(OH)_3+3e=Cr+3OH^-$	-1.48		$S_4O_6^{2-}+2e=2S_2O_3^{2-}$	+0.08
	$CrO_2^-+2H_2O+3e=Cr+4OH^-$	-1.2	Sb	$SbO_2^{2-}+2H_2O+3e=Sb+4OH^-$	-0.66
	$CrO_4^-+4H_2O+3e=Cr(OH)_3+5OH^-$	-0.13	Sn	$Sn(OH)_6^{2-}+2e=HSnO_2^-+H_2O+3OH^-$	-0.93
Cu	$CuO_2+H_2O+2e=2Cu+2OH^-$	-0.360		$HSnO_2^-+H_2O+2e=Sn+3OH^-$	-0.909